Konstruktionsbücher

Herausgeber Professor Dr.-Ing. E.-A. Cornelius, Berlin

6

Berechnung und Gestaltung der Triebwerke schnellaufender Kolbenkraftmaschinen

Von

Dipl.-Ing. Ernst Mickel
Stuttgart-Bad Cannstatt

Dr.-Ing. Paul Sommer
Stuttgart-Bad Cannstatt

und

Dr.-Ing. habil. Heinrich Wiegand
Falkensee (Osthavelland)

Mit 151 Abbildungen

Springer-Verlag Berlin Heidelberg GmbH

ISBN 978-3-642-89257-8 ISBN 978-3-642-91113-2 (eBook)
DOI 10.1007/978-3-642-91113-2

Ursprünglich erschienen bei Springer-Verlag OHG., Berlin.

Inhaltsverzeichnis.

I. Kolben.

Von Dr.-Ing. PAUL SOMMER, Stuttgart-Bad Cannstatt.

II. Pleuelstangen.

Von Dr.-Ing. habil. HEINRICH WIEGAND, Falkensee (Osthavelland).

III. Kurbelwesen.

Von Dipl.-Ing. ERNST MIEKEL, Stuttgart-Bad Cannstatt.

Schrifttum.

I. Kolben.

Von Dr.-Ing. PAUL SOMMER, Stuttgart-Bad Cannstatt.

Einleitung.

Der Kolben der schnellaufenden Kraftmaschinen stellt an Gestaltung und Werkstoff dadurch besondere Aufgaben, daß er das erste Glied auf dem Weg der Arbeitsumwandlung von verbrennendem Gas zur mechanischen Kraftleistung ist. Er dient nicht nur der reinen Kraftübertragung, von der die Bemessung und Gestaltung der tragenden Querschnitte, sowie der kraftschlüssigen Berührungsflächen mit anderen Bauteilen abhängt; es kommt ihm vielmehr außerdem noch die besondere Aufgabe der beweglichen Abdichtung des Gasraumes und der geregelten Abführung der auf ihn einfallenden Verlustwärme zu. Die Vielfalt dieser zum Teil einander widerstrebenden Anforderungen bringt es mit sich, daß weder die mechanische Beanspruchung, noch der Wärmefluß an den einzelnen Stellen des Kolbens einer genauen rechnerischen Erfassung zugänglich ist. Die Gestaltung der Kolben beruht daher bisher zum größten Teil auf Erfahrungsregeln, die sich oft nur in Verhältniszahlen für gegebene Baugrößen ausdrücken lassen.

A. Übersicht über die Anforderungen an Bauform und Werkstoff.

1. Äußere Kräfte.

An erster Stelle unter den für die Bemessung bestimmenden äußeren Kräften, die am Kolben angreifen, stehen die *Arbeitsdrücke* im Verbrennungsraum. Ihr Spitzenwert, der vor allem für die Beanspruchung des Kolbenbodens maßgebend ist, bewegt sich bei den derzeitigen schnellaufenden Brennkraftmaschinen etwa in Grenzen, die in Zahlentafel 1 angedeutet sind. Während die Gasdruckkräfte

Zahlentafel 1. Spitzendrücke in Fahrzeug- und Flugmotoren.

Ottomotoren:	
ohne Aufladung	32···55 atü
bei Höchstverdichtung und Sonderbrennstoffen	bis 70 ,,
mit Aufladung	45···70 ,,
bei Höchstverdichtung und Sonderbrennstoffen	bis 90 ,,
Dieselmotoren:	
normal	60···85 ,,
in besonderen Fällen	bis 120 ,,

allein durch das Arbeitsverfahren und die Gesamtbauart des Motors gegeben sind, hängen die *Massenbeschleunigungskräfte* am Kolben von der Drehzahl bzw. von der Kolbengeschwindigkeit, dem Schubstangenverhältnis und dem Gewicht der hin- und hergehenden Triebwerksteile ab. Auf ihre Größe hat somit auch die Bauweise des Kolbens selbst (einschl. Kolbenbolzen, Bolzensicherung und Kolbenringen) starken Einfluß. Für die Gestaltung des Kolbens genügt zumeist eine überschlägige Berechnung der Massenkräfte nach den bekannten Gesetzen der Lehre vom Kurbeltrieb (*1*). Bei sehr schnell drehenden Motoren ist dazu eine genaue Erfassung des Gewichts der fertigen hin- und hergehenden Bauteile nötig. Als äußere Kraft bestimmt die Massenbeschleunigung den Lagerdruck im Bolzenauge und

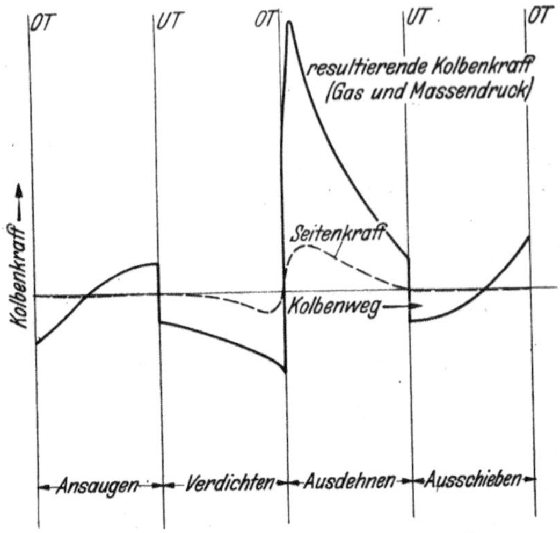

a) PWK-Motor, $n = 3000$/min, $\lambda = \frac{r}{l} = \frac{1}{4}$.

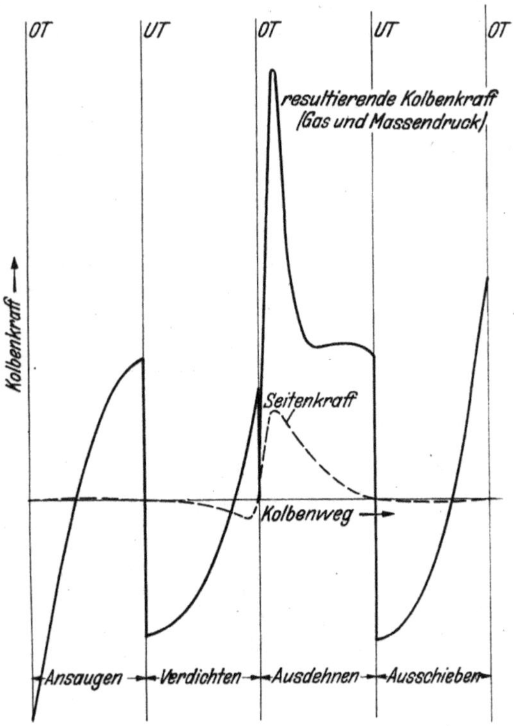

b) Rennmotor, stark überladen, $n = 7000$/min. $\lambda = \frac{r}{l} = \frac{1}{4}$.

Abb. 1. Beispiele für den Verlauf der Kräfte am Kolben bei 4-Takt-Ottomotoren (bezogen auf die Kolbenbodenfäche).

die Gleitbahnbelastung am Kolbenschaft. Für die Werkstoffbeanspruchung ist sie vor allem in der Wand des Bolzenauges und am Übergang von diesem zum Schaft wirksam. Für die den Gasdruck übertragenden Querschnitte des Kolbens zwischen Boden und Kolbenbolzen tritt dagegen meist durch die Massenkräfte eine Entlastung der Gasdruckspitze auf. (Abb. 1a und b zeigt Beispiele für den zeitlichen Verlauf der Kräfte am Kolben.)

Die äußeren Kräfte bestimmen die Größenverhältnisse der Gleitflächen und tragenden Werkstoffquerschnitte. Da bei linearer Vergrößerung des Kolbens und Motors und gleichbleibendem Arbeitsverfahren die Gaskräfte ebenso wie die Gleitflächen und inneren Querschnitte quadratisch zunehmen, bleiben die spezifischen Flächendrücke und Beanspruchungen konstant. Solange die Kolbengeschwindigkeit nicht verändert wird, d. h. bei entsprechender Verkleinerung bzw. Vergrößerung der Drehzahl wachsen die Beschleunigungskräfte im gleichen Maßstab wie die Gaskräfte, und die von ihnen verursachten Beanspruchungen bleiben ebenfalls konstant. Man kann daher durch lineare Vergrößerung von erprobten Kolbenformen zu sicheren neuen von anderer Größe gelangen. Mit geringen Abweichungen, die sich auf die Kolbenringzone beschränken. wird so in der Praxis auch häufig erfolgreich verfahren.

2. Temperatur und Wärmefluß.

Zu den wichtigsten Voraussetzungen für ein einwandfreies Betriebsverhalten von Kolben gehört die Beherrschung der *Wärmeverhältnisse*. Die Vorausbestimmung der an den verschiedenen Stellen des Kolbens auftretenden Temperaturen ist meist nur angenähert auf Grund von Betriebsmessungen in ähnlichen Motoren möglich. Die danach festgelegte Form bedarf häufig einer Temperaturnachprüfung und entsprechender Anpassung der Wärmeflußquerschnitte und Einbauspiele.

Die *Messung der Betriebstemperatur* erfolgt meist nach E. Koch (2) durch eiho gesetzte Schmelzstifte aus Metallen oder Legierungen mit abgestuften SchnielC punkten. Thermoelektrische Bestimmungen sind am laufenden Kolben wegen dei umständlichen Herausführung der Drähte nur in Sonderfällen möglich. Die An wendung von Temperaturmeßfarben ist bisher noch wenig erprobt und lauf die nichtgleitenden Oberflächen beschränkt. Anhaltspunkte können auch duiclbdie Messung des Verlustes an Vergütungshärte im Kolbenwerkstoff (bei bestuften Aluminiumlegierungen) gewonnen werden. Dieses „Resthärteverfahren" verhältniss Temperaturen über 360° C, also bei stärkerer örtlicher Überhitzung, weit dabei unter bestimmten Betriebsverhältnissen eine beträchtliche Rückhärtung auftr den kann. In Zahlentafel 2 sind Angaben über Kolbentemperaturen zusammei gilte llt die auf vielen Einzelbestimmungen nach dem Schmelzstiftverfahren in ɪlen bisher schiedensten Motorenmustern beruhen[1] (vgl. auch Abb. 2).

Zahlentafel 2. Kolbentemperaturen bei Vollast für verschiedene Arbeitsverranien und Kolbenbaustoffe (Richtwerte).

Arbeitsverfahren	Kühlung	Kolbenbaustoff	Temperatur °C an den Meßpunkten			
			A Bodenmitte bzw. heißeste Zone	B Bodenkante	C Schaft oben	sonaftuner
Ottomotoren (4 Takt)						
Kraftfahrzeuge . .	Wasser	Al-Legierung	240···280	190···240	130···160	110···130
,, . .	,,	Grauguß	410···440	270···300	150···170	120···140
Flugmotoren . . .	,,	Al-Legierung	290···340	240···280	160···190	120···150
,, . . .	Luft	,,	320···360	260···300	170···200	130···160
Dieselmotoren (Kraftwagen)						
direkte Einspritzung	Wasser	Al-Legierung	330···360	200···220	140···160	110···130
,, ,,	,,	Grauguß	400···440	340···380	150···170	120···140
Luftspeicher	,,	Al-Legierung	330···380	220···270	140···160	110···130
Vorkammer	,,	,,	360···440	230···310	150···200	110···130

Die Betriebstemperatur muß bei der Gestaltung von Kolben nach von hieren Seiten hin berücksichtigt werden. An erster Stelle steht hier die Veranuerung der Laufspiele durch die Wärmeausdehnung, die im folgenden Abschnitt näher behandelt wird. Ferner ist die Temperatur der Kolbenringzone von großer Bedeutung für das Betriebsverhalten der Kolbenringe. Diese verlieren bei Temperaturen über 250° C allmählich ihre Federspannung und dichten dann schlechter ab. Zudem büßen die Schmieröle bei höheren Temperaturen ihre Zähigkeit und Schmierwirkung ein, so daß erhöhter Verschleiß auftritt. Gleichzeitig bilden sich durch die Zersetzung und teilweise Verbrennung des Öls unter Hinzutritt von Ruß aus unvollständig verbranntem Brennstoff klebrige, zähe und schließlich feste und harte Rückstände, die die Kolbenringe in den Nuten an der freieng Bewegung hindern. Wenn dann nach längerer Betriebszeit die Kolbenringe per leg ken, schlagen die Verbrennungsgase durch und überhitzen den Kolben, bis en klemm

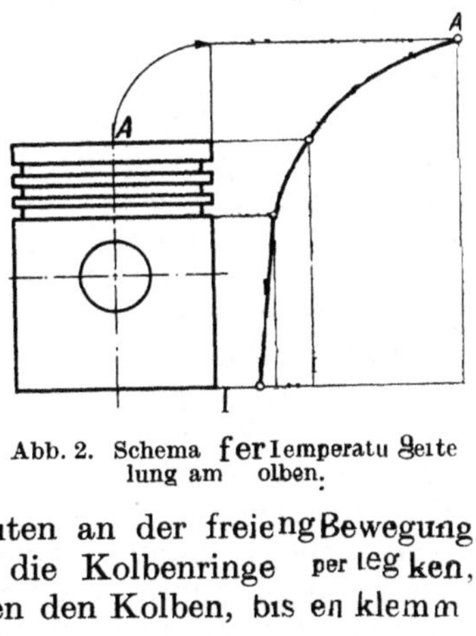

Abb. 2. Schema fer Iemperatu Seite lung am olben.

[1] Nach Unterlagen des Kolbenwerks der Mahle KG., Stuttgart-Bad Sanns teilweise

oder „frißt“. Solche Störungen treten insbesondere bei Zweitaktbetrieb, sowie in Diesel- und Flugmotoren auf, wo der oberste Kolbenring häufig bei Temperaturen über 280° C arbeiten muß. In der Ringzone muß daher durch bauliche Maßnahmen die Temperatur möglichst niedrig gehalten werden.

Auch die Festigkeit der Kolbenwerkstoffe ist temperaturabhängig, worauf besonders am Kolbenboden als der heißesten Stelle zu achten ist. Bei den meistens verwendeten Aluminiumkolbenlegierungen ist allerdings der Abfall der reinen Wechselbiegefestigkeit bei steigender Temperatur geringer als derjenige der statischen Zerreißfestigkeit. Die Temperaturabhängigkeit der Vorlastwechselfestigkeit und Dauerstandfestigkeit ist nach neuen unveröffentlichten Versuchsergebnissen erheblich. Auch der Elastizitätsmodul und die Elastizitätsgrenze sinken bei Temperaturerhöhung. Das hat größere elastische und bleibende Verformungen unter Last zur Folge. Darüber hinaus werden durch das Temperaturgefälle im Kolben, vor allem im Bereich des Bodens, Wärmespannungen, d. h. beträchtliche zusätzliche Beanspruchungen hervorgerufen.

Maßnahmen zur Beeinflussung der Kolbentemperaturen setzen eine wenigstens angenäherte Kenntnis der *Wärmeflußverhältnisse* im Kolben voraus. Zu ihrer Erfassung sind Messungen des Temperaturfeldes und kalorimetrische Bestimmungen nötig, wie sie z. B. von W. BRECHT (*3*) für verschiedene Einflußgrößen durchgeführt wurden. Hier sei nur auf die wichtigsten allgemeinen Bedingungen, denen der Wärmefluß unterliegt, hingewiesen.

Für den *Wärmeeinfall* auf den Kolbenboden ist vor allem die dem Druckverlauf verwandte Linie der zeitlichen Temperaturänderung im Brennraum maßgebend. Nach dem Verhalten von Kolbenbodenoberflächen mit verschiedenen Strahlungs- und Isolationseigenschaften kann mit Sicherheit angenommen werden, daß die Wärmeaufnahme aus dem Gas fast ausschließlich durch Leitung und nur zu einem sehr geringen Teil durch Strahlung erfolgt. Hohe, für Strahlung wirksame Temperaturen herrschen ohnehin bei jedem Arbeitstakt nur kurze Zeit. Während bei starkem Strahlungseinfluß von polierten glänzenden Bodenflächen eine Temperatursenkung erwartet werden müßte, ergaben Messungen im Motor geringere Temperaturen für Kolbenböden mit Ruß- und Ölkohlebelag, wie er sich ohnehin auf längere Betriebszeit an keinem Kolben vermeiden läßt. Demnach überwiegt die isolierende Wirkung gegen die durch Berührung vom Gas an den Kolben übergehende Wärme den erhöhten Strahlungseinfall auf die „schwarze“ Oberfläche.

Für die *Ableitung an die Kühlmittel* stehen der Wärme im Kolben zwei Wege offen. Der Hauptanteil fließt über die Kolbenringe und den Kolbenschaft an die Zylinderwand. Über seine Größe entscheiden die zur Verfügung stehenden Wärmeflußquerschnitte und die Wärmeleitfähigkeit des Werkstoffes, sowie die Wärmeübergangszahlen an den Berührungsflächen. Der übrige Wärmeanteil geht durch den Kolbenboden hauptsächlich an das Spritzöl, während die Gehäuseluft wegen ihrer geringen Relativbewegung auch beim Vorhandensein von Kühlrippen nur geringe Wärmemengen aufnehmen kann.

Der Einfluß der *Kolbengröße* auf die Kolbentemperatur läßt sich nach der folgenden Überlegung abschätzen: In geometrisch ähnlichen Kolben müßte sich bei gleichen Wärmeeinfalls- und Ableitungsbedingungen ein ähnlicher Wärmefluß ausbilden, in welchem ein gleich großes Wärmegefälle je Längeneinheit herrscht. Die Verlängerung des Wärmeweges ergäbe daher auch eine Vergrößerung des Gesamtgefälles und damit höhere Temperaturen im Kolbenboden. Dadurch wird aber der Temperaturunterschied zwischen Gas und Kolben und mit ihm die spezifische Wärmeaufnahme kleiner, während das Temperaturgefälle zum Spritzöl (bzw. zur Gehäuseluft) wächst, was eine relative Vergrößerung der Bodeninnenkühlung bedeutet. Daraus ergibt sich, daß einer Vergrößerung des Kolbendurchmessers eine *weniger* als lineare Zunahme der höchsten Kolbentemperatur entsprechen muß. Die oben angenommene Hilfsvorstellung des geometrisch ähnlichen Wärmeflußbildes trifft daher für Kolben verschiedener Größe nicht zu.

3. Wärmeausdehnung.

Die Spiele zwischen den Gleitflächen des Kolbens und Zylinders, des Kolbenbolzens, sowie der Kolbenringe erfahren durch die *Wärmeausdehnung* bei den verschiedenen Betriebszuständen große Veränderungen. Sie lassen sich aus abgeschätzten Betriebstemperaturen und den bekannten Wärmeausdehnungsbeiwerten der verwendeten Werkstoffe meist genügend genau vorherbestimmen und bei der Gestaltung berücksichtigen:

$$s_e = s_0 + D\,(\alpha_K \cdot \Delta t_K - \alpha_Z \cdot \Delta t_Z)\,.$$

s_e = Einbauspiel, s_0 = kleinstes Laufspiel } zusammen für beide Schaftseiten

D = Zylinder- bzw. Kolbendurchmesser (kann für diese Rechnung gleichgesetzt werden)

α_K, α_Z = mittlerer linearer Wärmeausdehnungsbeiwert des Kolben- bzw. Zylinderwerkstoffes

$\Delta t_K, \Delta t_Z$ = Temperaturunterschied des Kolbens bzw. Zylinders gegen die Einbautemperatur (20° C)

Der erstrebenswerte Fall sehr kleiner und bei allen Betriebstemperaturen am ganzen Kolben unveränderlicher Spiele läßt sich nur mit Werkstoffen von äußerst geringer Wärmeausdehnung verwirklichen, die aber wegen anderer nachteiliger Eigenschaften als Kolbenbaustoff meist nicht geeignet sind. Man wendet daher häufig konstruktive Maßnahmen an, durch welche die Wärmeausdehnung des Kolbenschaftes wenigstens teilweise der des Zylinders angepaßt wird (z. B. eingegossene Invarstahlstreifen mit sehr geringer Wärmeausdehnung oder andere Einlagen, die durch Bimetallwirkung die Ausdehnung in einer Richtung verringern). Für die Spielbemessung ist der durch die Wärmeausdehnung gegebene Kleinstwert maßgebend. Er ist für Kolbenschaft und Zylinderwand meist durch die höchste vorkommende Kolbentemperatur und die in den entsprechenden Höhen der Laufbahn gleichzeitig auftretende geringste Zylindertemperatur (z. B. bei Überkühlung bzw. vor Erreichung der normalen Kühlmitteltemperatur nach dem Anfahren) gegeben. Ist die Wärmeausdehnung des Kolbens kleiner als die des Zylinders, dann muß auch die tiefste Temperatur berücksichtigt werden, der der Motor ausgesetzt ist. Sonst kann es vorkommen, daß der Zylinder bei starker Kälte auf den Kolben aufschrumpft, wodurch das Anlassen unmöglich wird. Nur in dem Betriebszustand des kleinsten Spieles, also normalerweise bei Vollgasbetrieb, kann daher ein gleichmäßiges sattes Anliegen der Gleitflächen und eine gleichmäßige Aufnahme der Seitendrücke erreicht werden. In allen anderen Betriebszuständen ist daher das Spiel größer. Dies hat beim Seitenwechsel des Kolbens Kantenberührung zur Folge, die zu ungünstigem Laufverhalten führt.

Eine nennenswerte Vergrößerung des *Spiels zwischen Kolben und Kolbenbolzen* durch die Temperatur tritt nur bei Kolbenwerkstoffen mit höherer Wärmeausdehnung, wie den Leichtmetall-Kolbenlegierungen, auf. Dadurch ergibt sich auch, daß der häufig beim Einbau angewandte Schiebe-, Haft- oder Schrumpfsitz im Betrieb regelmäßig in einen reinen Gleitsitz übergeht.

Bei den *Kolbenringen* hat die Wärmeausdehnung auf das axiale Spiel in den Nuten wegen der geringen Höhe nur einen unwesentlichen Einfluß, der von anderen Gesichtspunkten, wie Verformung unter Last, Verkokungsneigung u. a. m., meist überwogen wird.

4. Dichtung.

Zu den wesentlichen Aufgaben des Kolbens gehört die zuverlässige Abdichtung des Gasarbeitsraumes. Dazu ist es vor allem zweckmäßig, den Spalt zwischen Kolben und Zylinderwand so klein wie möglich zu halten. Aber selbst wenn es gelänge, durch Beherrschung der Wärmeausdehnungsverhältnisse den Gasdurchtritt an dieser Stelle auf ein für den Druckverlust erträgliches Maß zu verringern, so wäre doch eine Dichtung durch den Kolben allein kaum durchführbar. Auch kleinste Mengen von Verbrennungsgas können schon zerstörend auf den Ölfilm der Gleitfläche einwirken. Daher wird man auf ein besonderes vermittelndes Dichtelement, wie es der federnde Kolbenring darstellt, in der Kolbenkraftmaschine kaum jemals verzichten können. Zudem ist es fast allein durch Verwendung von Kolbenringen möglich, eine reichliche Schmierung bei geringem Schmiermittelverbrauch sicherzustellen. Die Frage der Kolbendichtung muß daher stets für beide Seiten, sowohl für den Gasarbeitsraum, als auch für den Schmiermittelkreislauf zusammen betrachtet werden.

5. Gleitverhältnisse.

Durch die hin- und hergehende Bewegung unter rasch wechselnder Belastung ergeben sich für die Gleitflächen des Kolbens ungünstige Laufverhältnisse, die durch die temperaturbedingten Spieländerungen noch erschwert werden. Die Ausbildung eines hydrostatischen Schmiermitteldruckes wie in einem geschlossenen Lager kommt nicht zustande. Ein genügender Anteil an Flüssigkeitsreibung ist daher nur durch die Haftung des Ölfilms und die unstationäre Druckwirkung eines offenen Schmiermittelkeiles möglich. Es kommt hinzu, daß die Belastung der Gleitfläche bei jedem Temperatur- und Verformungszustand des Kolbens von anderen Flächenelementen aufgenommen werden muß, die oft sehr klein sind. So erklärt es sich, daß die meist recht gering gewählten mittleren Gleitflächenbelastungen noch viel weniger als bei Lagern als Maß für die tatsächliche örtliche Belastung gelten können. Die hohe Temperatur an der Gleitfläche, besonders in der Nähe der Kolbenringe, setzt die Schmierfähigkeit des Öles herab. Dazu kommt noch, daß das Eindringen von festen Öl- und Brennstoffrückständen, sowie metallischem Abrieb vom Zylinder, den Kolbenringen und dem Kolben selbst nicht völlig vermieden werden kann. Alle diese Umstände machen es nötig, daß dem Gleitverhalten des Kolbens bei der Gestaltung, Werkstoffwahl und Bearbeitung genügende Beachtung geschenkt wird, zumal da die Überwindung des Reibungswiderstandes am Kolbenschaft einen nicht unbeträchtlichen Anteil der gesamten Motorleistung ausmacht.

Die Gefahr des Anfressens, d. h. die Druckempfindlichkeit der Kolbengleitflächen, ist besonders groß, solange sie noch nicht „eingelaufen" sind. Der Grund dafür liegt hauptsächlich darin, daß die Bearbeitungsspuren am Zylinder und Kolben senkrecht zur Gleitrichtung verlaufen. Die Anpassung der Flächen setzt daher einen geregelten, wenn auch kleinen Abrieb voraus, der unter geringer Belastung erfolgen muß. Hierin liegt der Hauptgrund für die Notwendigkeit des schonenden Einfahrens neuer Motoren. Die dazu aufgewendete Zeit darf um so kürzer sein, je besser die Anlage der neuen Gleitflächen ist. Das Einlaufen kann durch besondere Oberflächenschutzschichten erleichtert und beschleunigt werden.

B. Grundlagen und Beispiele für die Gestaltung.

1. Formgebungsbedingungen durch umgebende Triebwerksteile.

Die Gestalt des Kolbens wird weitgehend bestimmt durch die Form der umgebenden Bauteile des Motors und die Grenzlagen, die er zu ihnen während seiner

Bewegung einnimmt. Rechnet man den in seiner Form vorgegebenen Verbrennungsraum im oberen Totpunkt mit zu diesen Teilen, so erhält man die rohe Kolbengrundform, indem man den Raum zwischen den umgebenden Bauteilen mit Werkstoff ausfüllt. Die eigentliche Kolbengestaltung besteht dann darin, einen Teil dieses Materials dort wieder wegzunehmen, wo es für die Übertragung von Kräften und die Ableitung von Wärme nicht benötigt wird.

Demgegenüber hat der Kolben selbst auf die Form der umgebenden Teile nur insofern Einfluß, als seine Bauhöhe die des Zylinders mitbestimmt.

Für die Form des *Kolbenbodens* ist neben der Ausbildung des Arbeitsraumes bzw. des Zylinderkopfes u. U. die relative Lage von hängenden oder schrägstehenden Ventilen bestimmend. Die dafür in manchen Fällen, wie bei Renn- und Flugmotoren vorgesehenen Aussparungen, müssen auch für das Nacheilen der Ventile in besonderen Betriebszuständen Raum lassen. Zuweilen müssen auch für Einspritzorgane kleine Nischen im Kolbenboden angebracht werden.

Die untere Länge des *Kolbenschaftes* wird von außen durch die Pleuelstange in ihrer größten Schräglage, sowie durch benachbarte Wangen der Kurbelwelle oder deren Gegengewichte begrenzt. Die dadurch gegebene Länge braucht allerdings nur bei Motoren mit besonders kurzer Schubstange ausgenutzt zu werden. Außerdem ist die Schaftlänge auch dadurch begrenzt, daß die häufig angewendeten unteren Ölabstreifringe nicht aus dem Zylinder hinauslaufen dürfen. Bei Zweitaktmotoren ergibt die Überdeckung von Schlitzen eine bestimmte erforderliche Mindestschaftlänge. Für die *obere Länge* des Kolbens sind die axiale Höhe und die Anzahl der Kolbenringe, sowie der Durchmesser des Kolbenbolzens Grenzbedingungen. Bei der *Innenform* machten sich Breite und Wandstärke des Schubstangenkopfes, die von der Art der Lagerung abhängen, geltend. Für den Abstand der Kolbenbolzennaben ist außerdem die Axialverschiebung der Kurbelwelle durch Wärmedehnung zu berücksichtigen.

2. Kolbenboden.

Die Ausbildung des Kolbenbodens richtet sich zuerst nach seiner Form auf der Außenseite. Soweit die im vorigen Abschnitt erwähnten Einflüsse von Ventilen, Zündkerzen und Einspritzorganen nicht zur Geltung kommen, kann die einfachste Form des *ebenen* Bodens gewählt werden. Dies trifft in einer weit überwiegenden Anzahl normaler Gebrauchs-Ottomotoren zu. Bei höherer Verdichtung, wo der Kolben etwas in den Zylinderkopf hineinragt, wird der überstehende Rand häufig *kegelig angeschrägt*. Dem gleichen Zweck dienen *konvex gewölbte* Bodenformen, die als Kugelabschnitte ausgebildet werden. Diese ergeben schon bei geringer Bodendicke eine hohe Steifigkeit, wodurch dort eine leichte Bauweise möglich wird, wo man mit geringen Wärmeflußquerschnitten auskommt. Werden hochgewölbte Böden seitlich abgeflacht, um Platz für schräghängende obengesteuerte Ventile zu schaffen, so entsteht eine Art Dachform, wie sie bei Kraftwagen-Rennmotoren häufig angewendet wird.

Bei Flugmotoren erhält der Kolbenboden manchmal eine flache *konkave* Mulde. Außer der Zusammenballung des Brennraums hat dies den Vorteil, daß die Kante über dem obersten Kolbenring höher werden kann, wodurch dieser thermisch entlastet wird. Bei Dieselmotoren wird häufig ein Teil des Verdichtungsraumes in Form verschiedenartiger und verwickelter Mulden, die der Luftführung und Wirbelung dienen, in den Kolbenboden verlegt (Abb. 3).

Für die Bemessung der *Kolbenbodendicke* fehlen bisher praktisch anwendbare Berechnungsgrundlagen, da die gleichzeitige Berücksichtigung des Wärmeflusses und der mechanischen Beanspruchung durch Gaskraft, Massenkraft und

Wärmespannungen eine allzu verwickelte Rechnung ergeben würde. Die anschließenden Betrachtungen können daher nur zur Abschätzung der einzelnen Einflüsse dienen. Die tatsächlich benötigte Bodendicke muß nach Erfahrungs-

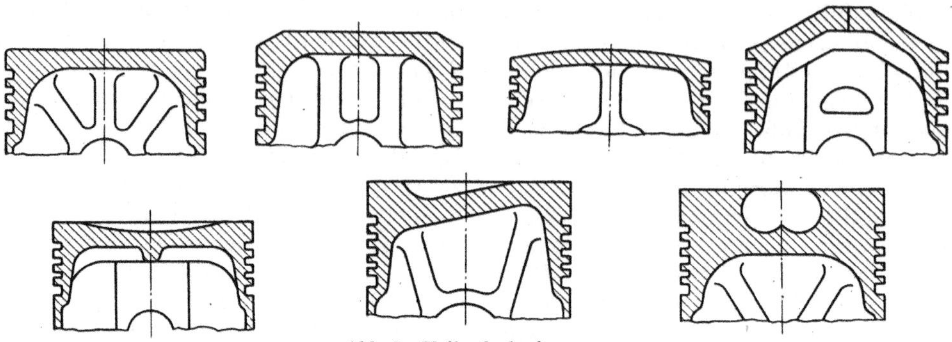

Abb. 3. Kolbenbodenformen.

werten festgelegt und u. U. durch Versuche sichergestellt werden. Die für den *Wärmefluß* benötigte Bodendicke ergibt sich durch folgende Abgrenzungen:

a) Sollte die auf den Boden einfallende Wärme (unter der Annahme gleichmäßiger Zufuhr je Flächeneinheit) durch ein lineares Wärmegefälle nur zur Zylinderwand abgeführt werden, so müßte die Bodendicke *linear* von der Mitte (Dicke Null) bis zum Rand zunehmen, weil dabei der zylindrische Ableitungsquerschnitt der dazugehörigen eingeschlossenen Beaufschlagungsfläche verhältig bleibt.

b) Die Annahme der gleichmäßigen Wärmebeaufschlagung trifft nicht voll zu, da die mittlere Gastemperatur im Verbrennungsraum nicht an allen Stellen gleich ist und gegen die Zylinderwand zu abnimmt. Dieser Einfluß wird aber dadurch zum Teil wieder ausgeglichen, daß die Wärmeaufnahme des Kolbenbodens in der Mitte infolge der dort herrschenden höheren Temperatur geringer ist. Bei Dieselmotoren sind dabei hohe örtliche Temperaturspitzen häufig von überwiegender Wirkung.

c) Durch die endliche Bodendicke in der Mitte wird die theoretische Spitze des Wärmegefälles und der Bodentemperatur abgeflacht; durch den verdickten Übergang zum Schaft wird ein stärkeres Wärmegefälle und daher Temperatursenkung erzielt. So ergibt sich der bei Temperaturmessungen meist festgestellte Verlauf auf dem Boden, der sich auch bei gleichmäßig dickem Boden nicht wesentlich ändert.

d) Die Kreissymmetrie des Wärmeflusses wird außer durch die Temperaturverteilung im Brennraum auch durch die Bolzennabenabstützung gestört.

e) Durch das Spritzöl im Kolbeninnern (sowie durch die Gehäuseluft) bzw. durch den Spülstrom bei Zweitaktmotoren wird ein Teil der Wärme direkt vom Kolbenboden innen abgeführt. Dadurch kann eine nennenswerte Temperatursenkung eintreten. Dieser Einfluß kann so groß sein, daß er bei mäßiger thermischer Belastung auch die Ausführung sehr dünner Kolbenböden, sogar aus schlechtleitenden Werkstoffen, gestattet.

Für die Dickenbemessung des Kolbenbodens nach *Festigkeitsgesichtspunkten* lassen sich keine einheitlichen Regeln angeben. Den einfachsten Fall würde die Form der ebenen, am Rand eingespannten Kreisplatte darstellen, die aber nurmehr selten ausgeführt wird. Meist überwiegen die Einflüsse der Abstützung auf die Bolzennaben, wozu noch die vom Schaft herrührenden Zwangsverformungen kommen. Auch die Verrippung des Bodens bestimmt die notwendige Dicke mit.

Die Bodendicke in neueren ausgeführten Motoren geht aus Zahlentafel 3 hervor. Um Gewicht zu sparen, hält man sich im allgemeinen an der unteren Grenze, solange dabei keine allzu hohen Temperaturen auftreten. Diese können zwar durch Verdickung der Böden gesenkt werden, zugleich nehmen aber die Wärmespannungen zu, die insbesondere bei Dieselmotoren zu Rißbildung führen können.

Zahlentafel 3. Bemessung von Kolbenböden
(Bodenstärke in vH des Zylinderdurchmessers).

Kolbenwerkstoffe	Aluminiumlegierung		Eisen	
Ausführung	gepreßt, verrippt, gewölbt	gegossen eben	Stahlguß	Grauguß
Ottomotoren	5 bis 10		3 bis 8	
Dieselmotoren	8 bis 15		(5 bis 10)	

Die Frage der *Versteifung* des Kolbenbodens durch *Rippen* setzt eine Betrachtung der Verformungs- und Beanspruchungsverhältnisse voraus. Man muß dabei von vornherein darauf Rücksicht nehmen, daß jede zusätzliche Versteifung die statische Unbestimmtheit des Kolbens für seine einzelnen Teile erhöht. Dadurch können sowohl unter dem Einfluß der Wärme als auch der Betriebskräfte erhöhte Beanspruchungen gerade in den Rippen selbst auftreten. Deshalb empfiehlt es sich, Verrippungen nur dann vorzusehen, wenn sie zur Verminderung der Verformung unter Last unentbehrlich sind. Ist der Boden im Verhältnis zu den übrigen Teilen des Kolbens sehr leicht ausgeführt und ist keine direkte Abstützung zu den Naben vorhanden, so kann er in erster Näherung als Membran aufgefaßt werden. Ihre Durchbiegung läßt sich dann durch eine kreissymmetrische Anordnung von Rippen verringern. Die häufigsten Ausführungen dieser Art bestehen in einem einfachen Rippenkreuz (Abb. 4a) oder einem Rippenstern mit 6 bis 8 Armen, der noch durch eine Ringrippe verstärkt sein kann (Abb. 4b).

Bei wenig biegungssteifer Ausführung des Kolbenschaftes und bei direkter Abstützung des Kolbenkopfes auf die Naben kann die Durchbiegung des Bodens und der Ringzone eine bevorzugte Richtung einnehmen. Dies ist insbesondere bei den verhältnismäßig kurzen Flugmotorkolben, sowie auch bei Kolben der Fall, deren Schaft durch Schlitze vom Kopf getrennt ist. Derartige Durchbiegungen sind sehr unerwünscht, weil sie durch Verwerfung der Kolbenringnuten die freie Beweglichkeit der Ringe behindern. Um ihnen durch Versteifungsrippen begegnen zu können, ist es manchmal nötig, ihre Herkunft durch Verformungsmessungen unter Betriebsdruck festzustellen. Die beiden in Betracht kommenden Hauptrichtungen der unsymmetrischen Verformung zeigt Abb. 5 in schematischer Übertreibung. Verformungen nach Skizze a kann durch kräftige Stützrippen im Boden in Richtung des Bolzens entgegengewirkt werden (Abb. 4c). Vorteilhaft ist in solchen Fällen auch eine Verengung des Nabenabstandes und die Verwendung steiferer Bolzen. Ist die Steifigkeit des Bodens in dieser Richtung groß, senkrecht dazu jedoch gering, dann überwiegt die Verbiegung nach b. Sie wird durch eine nach Art der sogenannten „Balkonträger" ausgebildete Verrippung vermindert. Dabei sind für die praktische Ausführung sowohl gerade Rippen, die von den Naben seitlich aus der Bolzenrichtung gegen die Ebene der Pleuelbewegung vorkragen (Abb. 4d), als auch geschlossene Ringrippen mit Kreis- oder Ovalform möglich. Ähnliche und für die Dauerhaltbarkeit oft vorteilhaftere Versteifungen des Kolbenbodens können auch durch entsprechend gestaltete allmähliche Übergänge zu den Naben erzielt werden. Diese Lösung ist besonders dann vorzuziehen, wenn aus Gewichtsgründen nur verhältnismäßig schwache Rippen ausgeführt werden könnten, die, ohne die Gesamtsteifigkeit des Kolbens nennenswert zu beeinflussen, eine hohe Randbeanspruchung durch Zwangsverformung erfahren würden.

Rippen unter dem Kolbenboden werden zuweilen auch bei hoher Wärmebeaufschlagung angebracht, um die *Kühlung* durch das Spritzöl zu verstärken. Der Erfolg dieser Maßnahme ist zwar bisher nicht genau bekannt und scheint

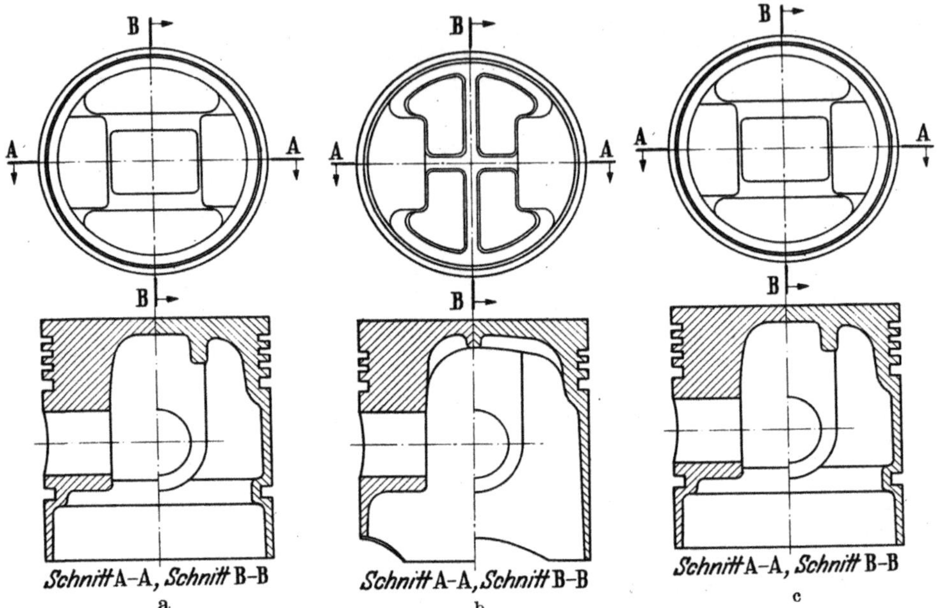

Abb. 4a—f. Versteifungsrippen

jedenfalls bei den normalerweise umlaufenden geringen Ölmengen nicht beträchtlich zu sein (*3*). Da das Spritzöl vorwiegend in der Richtung der Pleuelbewegung über den Kolbenboden hinfließt, legt man die Kühlrippen meistens parallel dazu, d. h. senkrecht zum Kolbenbolzen. Je nach der Größe der Kolben werden leicht

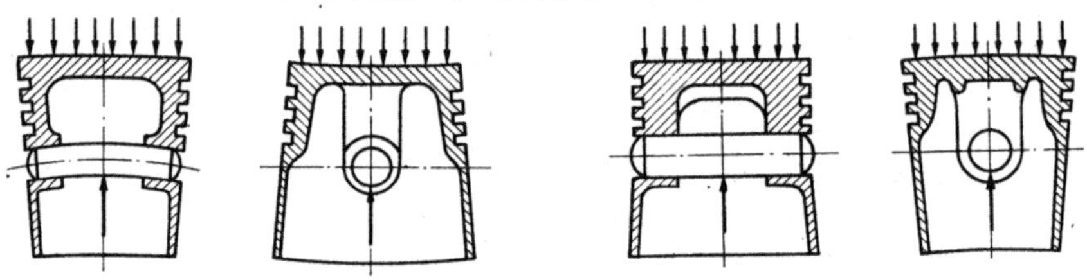

Abb. 5. Schema der Kolbenverformung unter Last
a) bei geringer Steifigkeit in Bolzenrichtung. b) bei zu großer Steifigkeit in Bolzenrichtung.

verjüngte Kühlrippen mit Abständen von 6···15 mm bei einer Höhe von 8···20 mm angebracht (Abb. 4e). Das geschieht bisher bei zahlreichen Flugmotorkolben, ferner in einzelnen Fällen bei Renn- und Dieselmotoren. Manche derart verrippte Bauformen sind wieder verlassen worden, weil sich bei längerer Betriebszeit Störungen gezeigt haben. Bei hoher Biegebeanspruchung im Boden entstehen nämlich am Rippengrund, auch bei guter Ausrundung, hohe Kerbspannungen, die u. U. zu Dauerbrüchen führen. Außerdem lagern sich zwischen den Rippen häufig verkokte Ölrückstände ab, die allmählich die Zwischenräume völlig ausfüllen und so eine kräftige Wärmeisolierungsschicht bilden. Die Gefahr, daß dadurch die Kühlwirkung der Rippen sich ins Gegenteil verkehrt, und dadurch der Boden überhitzt wird und reißt oder durchbrennt, besteht besonders bei Dieselmotoren.

Durch die bauliche Verquickung von Trag- und Kühlrippen entstehen verwickelte Kolbenbodenformen, deren einfachste ein Wabenmuster mit quadratischen

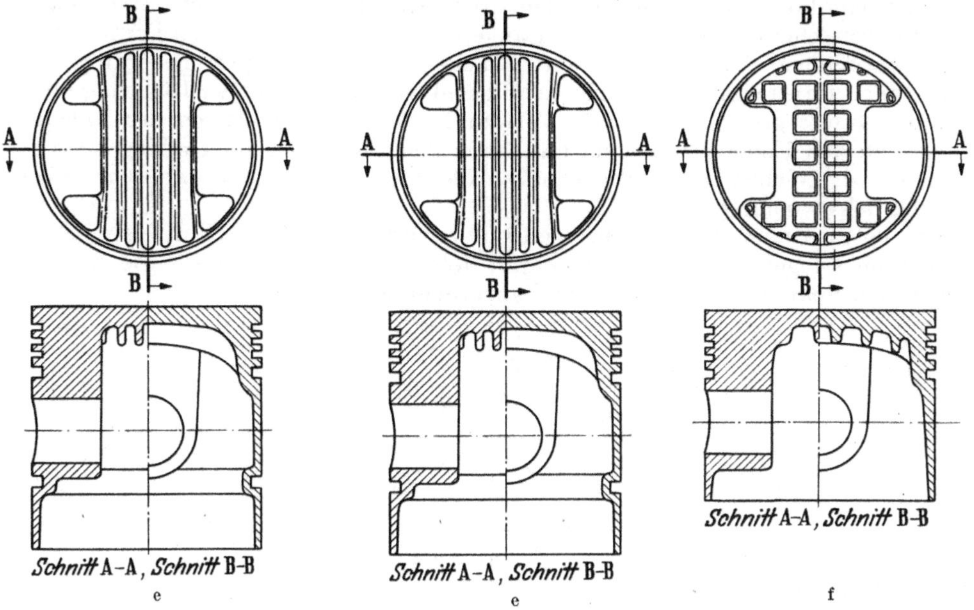

n Kolbenböden.

oder rechteckigen Feldern darstellt (Abb. 4f). Ein Nachteil dieser Formen besteht darin, daß sie bei der Herstellung im Preßgesenk häufig zur Bildung von Rissen und Preßfalten neigen.

3. Kolbenringe.

Zur Abdichtung des Kolbens gegen den Zylinder dienen hauptsächlich geschlitzte federnde Kolbenringe aus Grauguß, deren Querschnitt über den ganzen Umfang gleich ist. Die Bemessung der radialen Wandstärke ergibt sich aus der Bedingung, daß weder das Aufspreizen beim Einbau in die Nuten, noch das Zusammendrücken in den Zylinder unzulässige bleibende Verformungen oder gar Bruch hervorrufen darf. Dadurch wird der größte mögliche mittlere Anpreßdruck an den Zylinder je nach der Gußeisensorte auf 1,3 bis etwa 2,0 kg/cm^2 und die Wandstärke auf $^1/_{26}$ bis $^1/_{22}$ des Durchmessers begrenzt. Ringe mit kleineren Wandstärken und Anpreßdrücken werden wegen ihrer geringeren Dichtwirkung nur mehr in Sonderfällen verwendet. Der Anpreßdruck, den der Kolbenring auf die Zylinderwand ausübt, hängt außer von der Wandstärke davon ab, wie weit die geraden oder unter 45^0 aufgeschnittenen Stoßenden aufgespreizt sind. Ihre Entfernung im offenen spannungslosen Zustand beträgt zwischen 10 und 14 vH des Durchmessers, bzw. das 2,3- bis 3,5fache der Wandstärke. Die größte Biegebeanspruchung im eingebauten Kolbenring tritt gegenüber dem Stoß auf und ergibt sich aus der Momentensumme der Anpreßdrücke am Umfang. Als Ringspannung wird gewöhnlich eine tangential am Stoß angreifende Kraft bezeichnet, die den Ring auf den Zylinderdurchmesser zusammendrückt und gleich große Beanspruchungen wie der gleichmäßig über den Umfang verteilte Anpreßdruck hervorruft. Umgekehrt kann auch die der Kreisform im geschlossenen Zustand entsprechende unrunde Gestalt der Ringe dadurch erzeugt werden, daß die durch tangentiale Spreizung auf eine bestimmte Stoßöffnung gebrachten Ringe einer Wärmebehandlung unterworfen werden. Während die Formgebung durch Hämmern in Deutschland heute nicht mehr angewendet wird, gewinnt das Formdrehen und nachträgliche Ausschneiden eines Stückes an der Stoßstelle neuerdings an Bedeutung. Dabei ergibt sich auch die Möglichkeit, die Ringe in der Richtung über den Stoß etwas größer zu machen. Dadurch wird das Nachlassen des Anlagedruckes an den Enden vermieden, das durch den Verschleiß am Umfang hervorgerufen wird. Solche „Unrundringe" haben allerdings zunächst eine ungleichmäßige Anlagedruckverteilung.

Die Betrachtung von Kolbenringen mit rechteckigem Querschnitt (einfachen Verdichtungsringen) als Ringfeder ergibt folgende Beziehungen für die Abmessungen, die Spannung und die Biegebeanspruchung:

$$T = \frac{p \cdot D \cdot h}{2},$$

$$\sigma_b = \frac{T \cdot (D - a)}{W},$$

$$= \frac{3 p D \cdot (D - a)}{a^2 \cdot h},$$

$$p = \frac{4 E \cdot s \cdot a^2}{9 \pi \cdot (D - a)^3}.$$

Dabei bedeuten

T [kg] = Tangentialkraft („Spannung"), die den Ring schließt.
p [kg/cm²] = mittlerer Anlagedruck des Ringes auf die Zylinderwand.
σ_b [kg/cm²] = größte Biegebeanspruchung (gegenüber dem Stoß).
E [kg/cm²] = Elastizitätsmodul des Ringwerkstoffes.
D [cm] = Zylinderdurchmesser.
W [cm³] = Widerstandsmoment des Ringquerschnittes $= \frac{a^2 \cdot h}{6}$
a [cm] = radiale Wandstärke.
h [cm] = axiale Höhe.
s [cm] = Spreizöffnung.

Die erforderliche axiale Höhe der Kolbenringe richtet sich nach ihrer Anzahl, dem Zylinderdurchmesser, dem Verbrennungsdruck, sowie nach den besonderen Anforderungen der einzelnen Motorenbauarten. Richtwerte sind in Zahlentafel 4

Zahlentafel 4. Richtwerte für die Bemessung von Verdichtungsringen.

	Axiale Höhe	Anzahl
Ottomotoren:		
Zweitakt- und Kraftradmotoren	2···3 mm	2···3
Viertakt-Kraftwagen- und Flugmotoren	2,5···3,5 mm	2···4
größere Viertaktmotoren	3···4 mm	3···4
Dieselmotoren	3···4,5 mm	3···5

angegeben. Die Abmessungen von Verdichtungsringen sind im Normblatt DIN Kr 3101 festgelegt. Davon abweichend wird allerdings meist der Anlagedruck größer und das durch die Wärmeausdehnung bedingte Stoßspiel etwas kleiner gehalten.

Die zum *Abstreifen des Schmieröles dienenden Ringe* erfahren eine besondere Gestaltung. Um den Anpreßdruck zu erhöhen (auf 1,8 ··· 3,0 kg/mm²), wird ein Teil der Außenfläche zurückgesetzt, so daß ein oder zwei scharfe schmale Laufstege entstehen, unter bzw. zwischen denen sich eine Rückführungsrille befindet. Von dieser fließt das Öl entweder unter dem Ring durch Bohrungen im Kolben ab, oder es wird durch Schlitze oder Löcher im Ring selbst und im Nutengrund zurückgeführt. Ölabstreifringe mit nur einer Tragfläche haben meist die gleichen Hauptabmessungen wie Kompressionsringe, solche mit Schlitzen und Bohrungen werden höher ausgeführt (4 bis 7 mm).

Die *Nuten*, in denen die Kolbenringe geführt werden, weisen den entsprechenden Querschnitt auf und müssen im Grund so viel Spielraum haben, daß die Ringe dort nicht anliegen, wenn sich der Kolben in der Wärme ausdehnt. Die axiale *Höhe der Stege* zwischen den Nuten ergibt sich aus Gründen des Wärmeflusses etwa entsprechend der Höhe der darauf liegenden Kolbenringe. Gegen den heißeren Boden zu werden sie meist etwas höher ausgeführt. Die Nenn-Biegebeanspruchung, die die Stege unter dem Gasdruck, der Ringmassenkraft und der Ringreibung erfahren, ist bei derartiger Bemessung gering. Dagegen können Kolbenverformungen unter Last, sowie der Reibwiderstand stark tragender oder „fressender" Stege gefährliche Zusatzkräfte hervorrufen. Es empfiehlt sich daher, den Nutengrund nicht scharfkantig sondern je nach Größe mit 0,3 ··· 1 mm Radius oder mit allmählichem Entlastungsübergang auszuführen, um Dauerbrüche der Stege zu vermeiden (Abb. 6) (*4*). Dementsprechend müssen die Kolbenringe an den inneren Kanten angeschrägt werden.

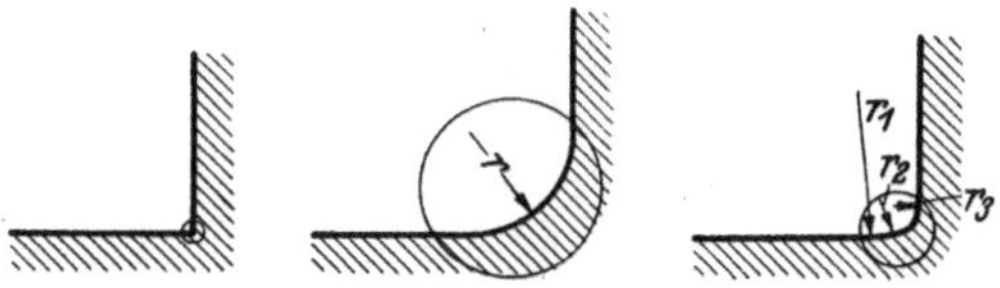

Abb. 6. Platzbedarf von Nutengrundhohlkehlen.
a) Scharfe Hohlkehle, Kerbwirkung groß, daher Haltbarkeit gering, Platzbedarf klein.
b) Kreisbogenhohlkehle, Kerbwirkung klein, daher Haltbarkeit gut, Platzbedarf groß.
c) Entlastungshohlkehle, Kerbwirkung klein, daher Haltbarkeit gut, Platzbedarf klein.

Das *axiale Spiel* zwischen Kolbenringen und Nuten wird normalerweise so klein bemessen, daß eben noch ungehinderte gegenseitige Bewegung möglich ist (0,01 bis 0,03 mm). Größere Spiele bis 0,3 mm sind nur dort nötig, wo Gefahr für das Verkoken und Festbrennen der Ringe besteht, wie bei Flug- und Zweitaktmotoren.

Zahlentafel 5 gibt eine Übersicht über die wichtigsten Kolbenringformen, die in neuzeitlichen Motoren Verwendung finden. Die gezeigten Querschnitte sind hier vor allem in Hinsicht auf die dazugehörigen Kolbenringnuten von Bedeutung. Auf die zum Teil bestehenden Schutzrechte der Kolbenring- bzw. Motorenhersteller soll daher nicht näher eingegangen werden. Zur Vereinheitlichung der Kraftfahrzeugteile und des Zubehörs gelten für Kolbenringe nach Zahlentafel 5 Nr. 1, 2, 3, 6, 8 und 9 die Normen DIN 73101 ··· 73104 Fl.

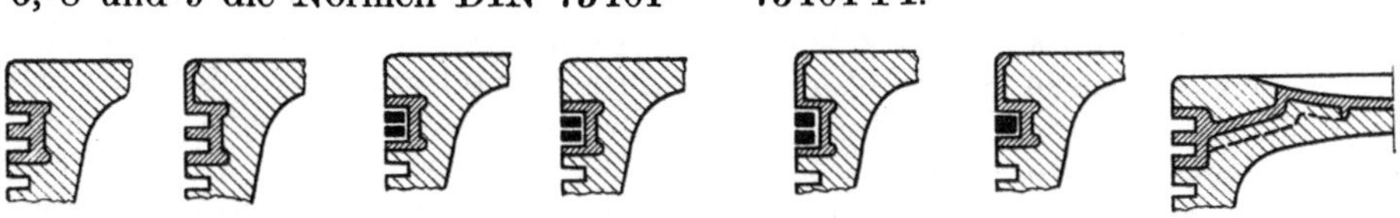

Abb. 7. Beispiele für Ringträger in Leichtmetallkolben (DRP. 578889, 580106, 597221).

Eine Besonderheit in der Gestaltung der Kolbenringzone stellt die Verwendung sog. *Kolbenringträger* in Leichtmetallkolben dar (Abb. 7). Dadurch läßt sich in besonders gelagerten Fällen, insbesondere bei Dieselmotoren, die Verschleißfestigkeit und Lebensdauer von Kolben erhöhen und manchmal auch die Neigung zum Festbrennen der Ringe vermindern. Wesentlich ist, daß der Ringträgerwerkstoff eine dem Kolben angepaßte Wärmeausdehnungszahl besitzt, damit er sich nicht durch die Betriebswärme lockern kann.

Zahlentafel 5. Die gebräuchlichsten Kolbenringformen.

Nr.	Querschnitteformen	Bezeichnung	Verwendung und Besonderheit
1.		normaler Verdichtungsring	nahezu in allen Motoren
2.	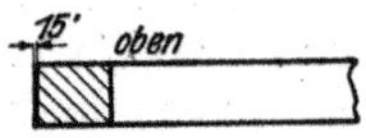	konischer Ring („Oben“-Ring)	rasche Dichtwirkung durch Einlaufen der tragenden Kante. Häufig in der obersten Nut angewendet
3.	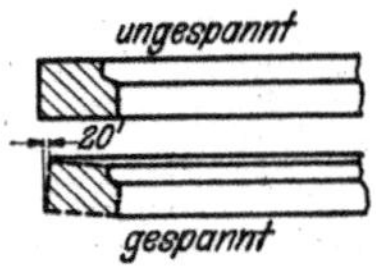	Winkelring	verwindet sich im gespannten Zustand und wirkt wie Nr. 2
4.		U-Ring, auch als 2teilige spannungslose Manschette	große Anlagefläche bei kleinem Anlagedruck, gute Eigenführung im Zylinder, günstig bei Verkokungsneigung. Zuweilen in Dieselmotoren
5.	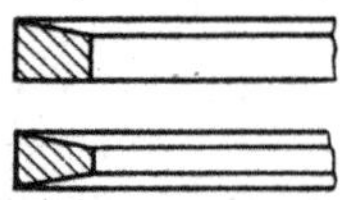	Trapezringe	durch wechselnde Spalterweiterung in der Nut (meist 1. und 2.) wird die Bildung fester und klemmender Ölkohleschichten erschwert (Diesel- und Flugmotoren)
6.		Ölabstreifring mit Schlitzen	Normalausführung. Ölrückfluß durch Löcher im Nutengrund
7.	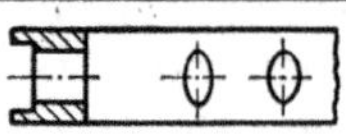	Ölabstreifring mit Rückflußlöchern	ähnlich wie Nr. 6, ist weniger bruchempfindlich, liegt gleichmäßiger am Zylinder an
8.		„Nasenring“	Ölrückführung durch schabende Kante in Löcher unter dem Ring
9.		Ölabstreifring mit Fase	wie Nr. 8 bei geringer axialer Höhe

4. Kolbenbolzen.

Die größte für die Beanspruchung des Kolbenbolzens maßgebende Kraft ist der auf den Kolbenboden wirkende Verbrennungsenddruck. Nur bei sehr hohen Drehzahlen, wie sie in Rennmotoren vorkommen, kann die Massenbeschleunigung des Kolbens und der Kolbenringe zu Beginn des Ansaughubes eine noch größere Beanspruchung hervorrufen.

Für die Berechnung (*5*) kommt das Zusammenwirken von Biegung, Scherung, Abplattung und Auflageverhältnissen in Betracht. Die daraus entspringenden Anforderungen sind mit möglichst geringem Gewichtsaufwand zu vereinigen.

Während für die *Scherbeanspruchung* allein die Querschnittsfläche des Bolzens maßgebend ist, hängt die Größe der *Durchbiegung* und der Biegespannung sowohl von der Werkstoffverteilung (dem axialen Widerstandsmoment des Querschnitts), als von den Einspannbedingungen durch den Kolben ab. Je größer der Außendurchmesser des hohlen Bolzens gewählt wird, desto kleiner wird bei gleichem Gewicht die Durchbiegung und die Biegespannung. In den meisten Fällen muß man als Belastungsart einen frei aufliegenden Bolzen annehmen. Nur bei sehr verformungssteifen Kolben kann eine Entlastung des Bolzens durch die Einspannwirkung an den Bolzennaben erwartet werden. Dabei muß man aber rückwirkend mit einer Erhöhung der Beanspruchung im Kolben selbst rechnen. Der *Abplattung* des Bolzens (Biegung um die Längsachse) kommt eine größere Bedeutung zu als meist angenommen wird. Sie wirkt wegen der bevorzugten Längsfaserrichtung im Bolzenwerkstoff zuweilen sogar als erste Dauerbruchursache und erhöht auf jeden Fall die örtliche, durch Biegung hervorgerufene Beanspruchung. Die Abplattungssteifigkeit des Bolzens nimmt nun bei gleichbleibender Querschnittsfläche mit wachsendem Außendurchmesser im Gegensatz zur Biegungssteifigkeit ab. ROTHMANN (*6*) hat ein Berechnungsverfahren angegeben, das ein günstiges Angleichen des Wandstärkenverhältnisses an die beiden widersprechenden Forderungen ermöglicht. Allerdings erhält man damit dickere und schwerere Bolzen, als der Motorenbau meistens mit Erfolg verwendet. Die letzteren sind häufig von kleinerem Durchmesser und dickwandiger, also steifer gegen Abplattung und können deshalb manchmal an den Enden durch eine kegelige Erweiterung noch mehr erleichtert werden.

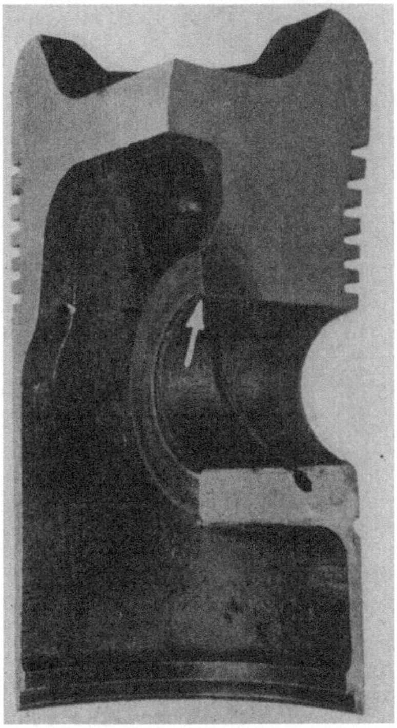

Abb. 8. Dauerbruch infolge ungünstiger Abstützung der Bolzennabe gegen den Kolbenboden („Spaltbruch").

Kolbenbolzen, die nach den dargestellten Gesichtspunkten bemessen werden, ergeben meist von selbst ausreichend große *Lagerflächen*. Sie fallen für den Kolben um so günstiger aus, je kleiner der innere Nabenabstand gehalten werden kann. Auf den Verbrennungshöchstdruck bezogen, erscheinen die auftretenden Lagerbelastungen in den Naben und im Pleuelauge sehr beträchtlich. Sie erreichen als mittlere Flächendrücke 150 bis zu 450 at bei Ottomotoren und 250 bis 750 at bei Dieselmotoren. Ihre kurzzeitige Einwirkung wird jedoch anscheinend durch den Ölfilm stark abgedämpft und daher, wohl auch wegen der geringen Gleitgeschwindigkeiten, ohne Schaden aufgenommen. Im Interesse einer hohen Gebrauchsdauer sollten aber die genannten Höchstwerte möglichst nicht erreicht werden.

Zahlentafel 6 enthält Angaben über die *Hauptabmessungen* ausgeführter Bolzen und Richtwerte, die den neuesten Stand kennzeichnen, der in den Normblättern DIN 73121 FI (Kolbenbolzen für Ottomotoren), DIN 73122 FI (Kolbenbolzen für Dieselmotoren) festgelegt ist.

Der Lagerung des Bolzens im Kolben dienen zwei *Naben* („Augen"), die auf sehr verschiedenartige Weise mit dem Kolbenkörper verbunden sein können. Ihre

Aufgabe besteht darin, die zwischen dem Kolben und dem Bolzen wirkenden Kräfte zu übertragen. Die Naben älterer Kolbenbauformen, die häufig noch mit Bronzebüchsen ausgerüstet waren, ragten als Rohrstücke meist einfach von der Wand des Kolbenschaftes nach innen. Dadurch konnten sie der elastischen Verbiegung des Bolzens folgen, ohne den Schaft wesentlich mitzuverformen. Im Interesse geringer Bodenverformung hat sich bei neueren Kolbenkonstruktionen eine möglichst direkte Abstützung der Naben zum Boden durchgesetzt. Diese erfolgt sowohl durch Stützen, die getrennt vom Schaft, als auch damit verbunden sein können, wie z. B. in Form von 1 bis 3 Rippen, die als Rest einer erleichterten Stütze gelten dürfen. Der Ausführung mit 2 Rippen ist unbedingt der Vorzug zu geben, weil dadurch die Bolzenkraft in der Nabe weicher aufgenommen wird, während bei Mittelrippen eine örtliche Druckanhäufung in der Nabe in Richtung der Rippe erzeugt wird. Dadurch entsteht u. U. ein Dauerbruch, der die Rippe von der Nabe her der Länge nach spaltet (Abb. 8 und 9).

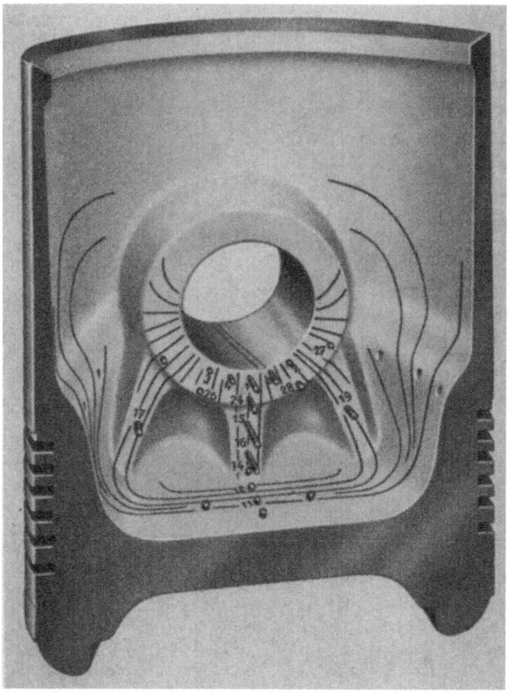

Abb. 9 a. Darstellung des Spannungszustandes in einem Dieselkolben bei 3-Rippen-Abstützung (nach Messungen der Firma Maybach).

Es ist zweckmäßig, die Nabenabstützungen mit den bei der Gestaltung des Bodens besprochenen Versteifungen zu einheitlichen Gebilden zu verbinden.

Zur *Schmierung* des Bolzens in der Nabe wurden früher häufig Längsnuten angebracht, die von Bohrungen in der gegen das Schaftende gerichteten Nabenwand her durch Spritzöl gespeist werden sollten. Nachdem sich im Gleitlagerbau die Fragwürdigkeit derartiger Schmiernuten herausgestellt hat, sind sie auch beim Kolben fast durchwegs verlassen worden. Bei mäßiger Beanspruchung kann wohl auch auf die genannten Bohrungen verzichtet werden, weil das entlang dem Bolzen in die Nabe eingezogene Öl dann zur Schmierung ausreicht.

Soweit zur *Sicherung* des Kolbenbolzens gegen das Anlaufen an den Zylinder nicht eine Festlegung im Pleuel oder in den Bolzenenden eingepreßte bzw. lose

Zahlentafel 6. Kolbenbolzenabmessungen und Nabenabstand in vH des Zylinderdurchmessers bzw. des Bolzenaußendurchmessers.

	Ottomotoren			Dieselmotoren (Kraftwagen)		
	von	bis	Richtwert	von	bis	Richtwert
Bolzenaußendurchmesser	20	35	28	25	45	35
Bolzenwandstärke (in vH des Bolzendurchmessers)	12	18	15	15	23	20
Nabenabstand	30	56	40	24	54	40

eingesetzte Pilze aus Leichtmetall (früher Messing) sorgen, werden meist am Ende der Naben Rillen angebracht, in die Drahtsprengringe oder Seeger-Ringe aus Stahlblech eingesetzt werden. Außerdem gibt es auch Sicherungen durch innen spannende Sprengringe und Druckringe, die vornehmlich bei Flugmotoren im Gebrauch sind (Abb. 10).

5. Kolbenschaft.

Da die schnellaufenden Brennkraftmotoren schon aus thermischen Gründen einfachwirkende Kolben haben, wird allgemein der geradführende Kreuzkopf mit dem eigentlichen Kolben zu einem *Tauchkolben* vereinigt. Dabei verwandeln sich die Gleitschuhe in den Schaft (das „Hemd") des Kolbens. Dessen Aufgabe besteht fast ausschließlich darin, die durch die Schräglagen der Pleuelstange entstehenden Seitenkräfte stoßfrei gleitend auf die Zylinderwände abzustützen. Die Heranziehung des Schaftes zur Wärmeableitung aus der Ringzone, sowie zur Regelung des Schmiermittelumlaufes hat demgegenüber geringere Bedeutung.

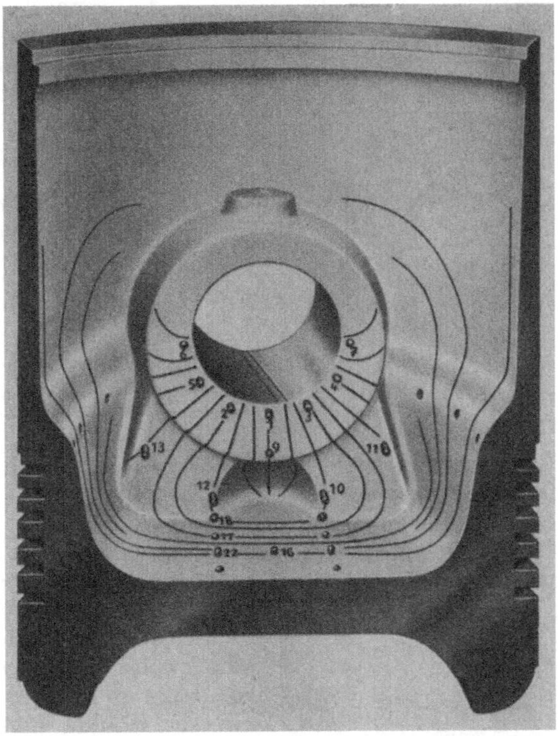

Abb. 9 b. Spannungszustand bei 2-Rippenabstützung.

Die Beanspruchung der Nabenabstützung zum Schaft, sowie der Gleitbahndruck und Reibungswiderstand ergeben sich aus der Kolbennormalkraft, deren Höchstwert je nach der Kolbengeschwindigkeit und dem Pleuelstangenverhältnis mit 5 bis 20 vH der Axialkraft anzusetzen ist. Bei höheren Drehzahlen tritt dieser Höchstwert durch Überlagerung der hier überwiegenden Massenkraft mit der Gaskraft in der zweiten Hälfte des Ausdehnungshubes auf. Bei sinkender Drehzahl verlagert sich der Höchstwert der Normalkraft in den ersten Teil dieses Hubes.

Entsprechend dem gegenüber der Axialkraft geringen Ausmaß der Normalkraft werden zu ihrer Übertragung von der Nabe aus nur geringe Querschnitte benötigt. Auch die Gleitbahndrücke am Schaft liegen zumeist als rechnerische Mittelwerte sehr niedrig; sie bewegen sich je nach der Kolbenausführung zwischen 4 und 10 kg/cm². Das ist bei den hohen Gleitgeschwindigkeiten und wenig sicheren Schmierverhältnissen, die zwischen Kolben und Zylinder herrschen, sehr vorteilhaft. Die tatsächlichen örtlichen Gleitbahndrücke betragen meistens infolge ungleichmäßiger Anlage ein Vielfaches der genannten Mittelwerte, besonders solange der Motor seine Betriebstemperatur noch nicht erreicht hat. Es gibt jedoch bisher keine sicheren Zahlenwerte für die zulässigen größten Gleitbahndrücke bzw. kleinsten Gleitflächen. Daß auch Kolben mit sehr kleinen Schaftflächen befriedigend arbeiten können, beweisen sog. „Skelett“-Bauformen, für die Abb. 11 ein Beispiel zeigt.

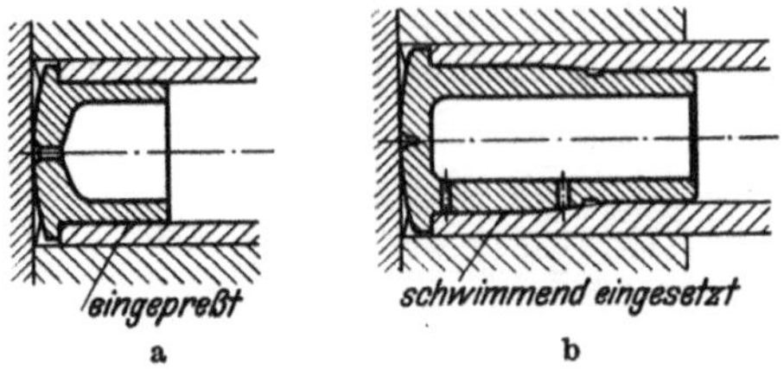

Für das Betriebsverhalten ist die *Führungshöhe* des Schaftes wichtiger als die Größe der Gleitfläche. Sie beträgt das 0,5···1,5fache des Zylinderdurchmessers, bei Flugmotoren sogar noch weniger. Je kleiner sie ist, desto unruhiger wird der Gang des Kolbens durch den Seitenwechsel und das meist damit

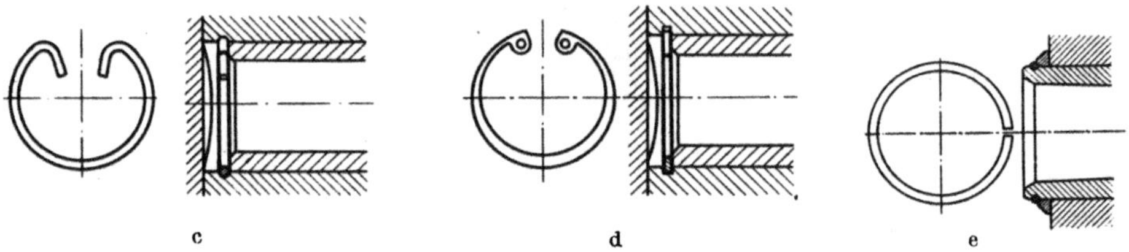

Abb. 10. Gebräuchlichste Arten der Kolbenbolzensicherung.
a) und b) Pilze. c) Sprengring (runder oder rechteckiger Querschnitt). d) Seeger-Sicherung. e) Sprengring-Außensicherung.

verbundene Kippen. Langschaftige Kolben sind dauerhafter und daher besonders für Dieselmotoren von Vorteil, wo ein hohes Kolbengewicht weniger stört als etwa in einem Rennmotor.

Die *Höhenlage* des *Kolbenbolzens* im Schaft ist stets das Ergebnis eines Kompromisses zwischen zwei eigentlich unvereinbarenden Forderungen. Die erste macht die Bolzenlage in der Mitte der Tragflächenhöhe wünschenswert, um den Druck gleichmäßig zu verteilen, die zweite fordert zur Verringerung der Kippneigung die Lage im Kolbenschwerpunkt, also wesentlich höher. In der Praxis ergibt sich dann für die Lage der Bolzenachse meistens die halbe Gesamthöhe des Kolbens, bei kurzen Kolben etwas tiefer, bei sehr langen etwas höher.

Abb. 11. „Skelett“-Kolben (Chevrolet-Graugußkolben).

Für die Bewährung und Beurteilung der Kolben kommt dem sog. *Schafttragbild* große Bedeutung zu. Es wird meist angenommen, daß es am günstigsten sei, wenn die gesamten zur Verfügung stehenden Schaftflächen gleichmäßig verteilt den Gleitbahndruck des Kolbens aufnehmen. In diesem Fall kommt die gesamte Tragfläche gleichmäßig zum Einlaufen und wird daher einem gleichmäßigen geringen Verschleiß unterworfen sein. Man kann jedoch aus dem gleichmäßigen Tragen der Schaftflächen nicht immer mit Sicherheit darauf schließen, daß dieser günstigste Fall vorliegt. Häufig wird nämlich der Kolben, sei es durch die Federwirkung von Schlitzen im Schaft oder durch andere konstruktive Maßnahmen, federnd gegen den Zylinder gedrückt, wobei beträchtliche zusätzliche Reibungskräfte erzeugt werden. Dies ist der Grund dafür, daß manchmal Kolben mit besonders „gutem“ Tragbild geringere Leistungen ergeben als andere mit „schlechtem“ Tragbild. Inwieweit sich auf einem Kolbenschaft ein gleichmäßiges Tragbild ausbilden kann, hängt in erster Linie von den Wärmeausdehnungsverhältnissen und außerdem davon ab, welche elastischen Verformungen der Kolben durch die Betriebskräfte, insbesondere die Schaftnormalkräfte, erleidet. Wenn man die Kolbengestaltung nach der Schaftform betrachtet, so findet man zwei Grundtypen, die in verschiedenen Abwandlungen allen Tauchkolben zugrunde liegen, den Gleitschuh- und den Topfkolben.

Besondere Beachtung verdient in diesem Zusammenhang die in dieser Hinsicht meist sehr klare Bauform des Flugmotorkolbens. In der Absicht, die Tragflächen und Kolbengewichte möglichst auf das geringste Maß zu beschränken, wurden lange Zeit sog. *Gleitschuhkolben* bevorzugt verwendet (Abb. 12). Gestaltungen dieser Art lassen noch deutlich den Kreuzkopfcharakter des Kolbenschaftes erkennen und arbeiten im allgemeinen auch mechanisch zufriedenstellend. Dagegen ist das Verhalten in bezug auf den Ölumlauf und die Abführung der Wärme an die Zylinderwand häufig nicht befriedigend. Hier verhält sich der „*Topfkolben*", bei dem es vor allem auf die Geschlossenheit des Schaftes ankommt, günstiger (Abb. 13). Ein Nachteil des Topfkolbens beruht darin, daß entweder erhebliche Gewichte aufgewendet werden müssen, wenn man nicht durch eingegossene oder ausgefräste Taschen, wie sie das vorliegende Beispiel zeigt, erleichtert werden. Trotzdem trachtet man in neuerer Zeit immer mehr danach, solche Taschen auf dem Kolbenmantel außen zu vermeiden, obwohl die entsprechenden Gewichtseinsparungen im Kolbeninnern mechanisch weniger günstig und für die Fertigung kostspieliger sind (Abb. 14). Von besonderer Wichtigkeit ist beim Topfkolben der Vorteil, daß am Schaftende ein weiterer Ölabstreifring angebracht werden kann. Dies erleichtert nicht nur die Beherrschung des Ölverbrauchs, sondern sichert auch die

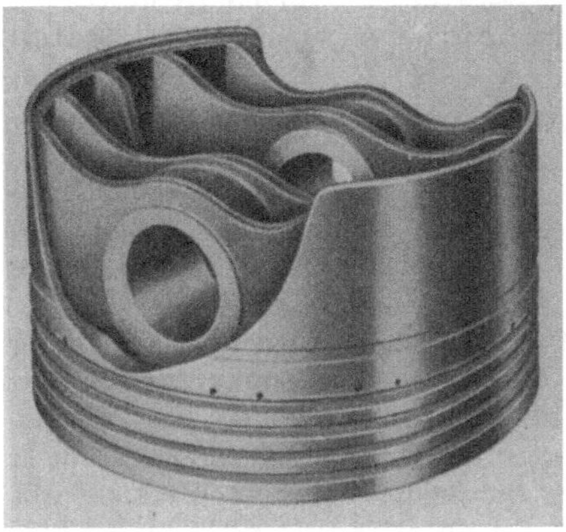

a

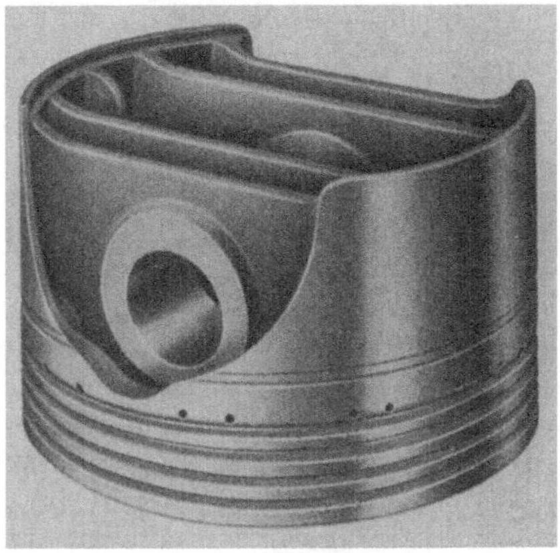

b

c

Abb. 12a—c. Gleitschuhkolben für einen Flugmotor (BMW VI).
a) Sandguß. b) Kokillenguß. c) Gepreßte Ausführung (Studie).

Erhaltung eines Ölfilms auf der eigentlichen Tragfläche. Dadurch entsteht im ganzen ein im Betrieb unempfindlicherer Kolben. Aus diesem Grund verwendet man auch für Dieselmotoren vorwiegend ungeschlitzte Topfkolben aus Aluminiumlegierungen (Abb. 15).

Abb. 13. Typischer Topfkolben (BMW 132 A).

Abb. 14. Topfkolben ohne Außentaschen (BMW 132 Dc).

Die Wärmeausdehnung bewirkt bei starren Kolbenschäften aus einem Werkstoff, daß das Einbauspiel eigentlich immer nur für einen bestimmten Temperaturzustand das richtige Laufspiel ergeben kann. Daher ist eine sehr große Zahl von Kolbenbauformen entwickelt worden, die alle darauf ausgehen, die Wärmeausdehnung des Kolbens so zu kompensieren, daß er sowohl im kalten wie im betriebswarmen Zustand annähernd das gleiche Spiel gegenüber dem Zylinder hat.

Abb. 15. Glattschaftiger Kolben des Daimler-Benz-Dieselmotors OM 67.

Es erübrigt sich, alle diese Bauformen, die zum großen Teil durch Patente geschützt sind, im einzelnen darzustellen. Dagegen sollen im folgenden die hier möglichen Wege grundsätzlich umrissen werden:

a) Geringe natürliche Wärmeausdehnung wäre an sich der einfachste Weg, um Temperaturunabhängigkeit für das Laufspiel zu erzielen. Dieser Forderung kommt der früher allein verwendete Graugußkolben ziemlich nahe, wenn er sie auch infolge seiner gegenüber dem Zylinder wesentlich höheren Temperatur nicht ganz erfüllen kann. Auch als Leichtmetallkolben schon weitgehend eingeführt waren, ist man verschiedentlich wieder auf den Vorteil der niedrigen Ausdehnung bei Grauguß bzw. Stahl zurückgekommen und hat kombinierte Kolben gebaut, deren Schäfte aus Grauguß oder Stahlblech bestanden und mit einer Boden- und Nabenzone aus Aluminium zusammengegossen waren. Ein Beispiel für derartige Ausführungen ist ein früher von Daimler verwendeter Kolben (Abb. 16).

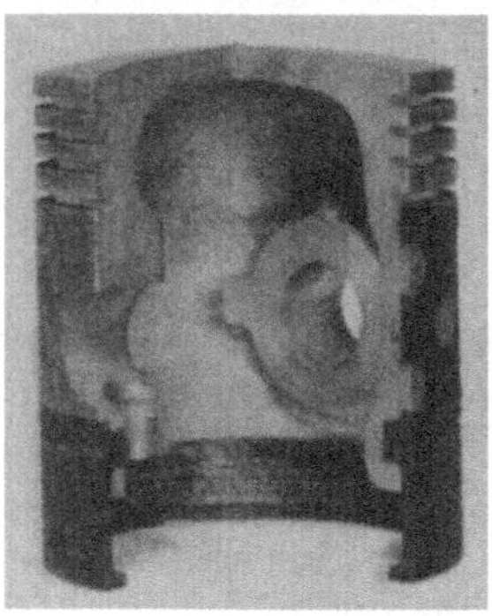

Abb. 16. Kolben mit Aluminium-Bodenzone und Graugußschaft (Daimler 1924).

Auch bei Verwendung von Leichtmetallkolben ist es zweckmäßig, Legierungen auszuwählen, deren Wärmeausdehnungszahl möglichst niedrig liegt. Dies ist besonders bei der Gruppe der Al-Si-Legierungen (vorwiegend mit übereutektischen Si-Gehalten) der Fall.

b) Ein anderer Weg, Übereinstimmung zwischen Kolben und Zylinder für alle Betriebszustände zu erzielen, besteht darin, die *Wärmeausdehnung des Zylinders* zu vergrößern, wie dies durch Verwendung von austenitischem Guß (z. B. Niresist) oder Leichtmetall möglich ist. Mit Ausnahme des Verfahrens von Cross (*7*), bei dem jedoch wegen des ungünstigen Gleitverhaltens die Aluminiumkolben nicht direkt auf dem Aluminiumzylinder sondern auf den im Nutengrund tragenden Kolbenringen laufen, liegen auf diesem Weg bisher keine allgemein angewandten Ergebnisse vor.

c) Die älteste, einfachste und auch heute noch häufig benutzte Möglichkeit der *Ausdehnungskompensation im Kolbenschaft* besteht darin, *Längsschlitze* anzubringen, die eine federnde Anpassung der Schaftmantelfläche an den Zylinder ermöglichen. Abb. 17 bis 19 zeigen die am häufigsten verwendeten Arten von

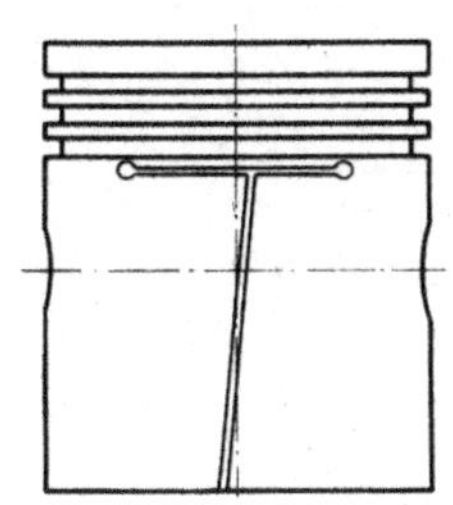

Abb. 17. Schlitzmantelkolben.

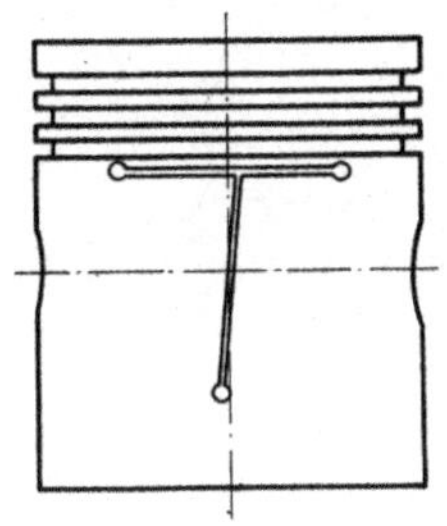

Abb. 18. T-Schlitzkolben.

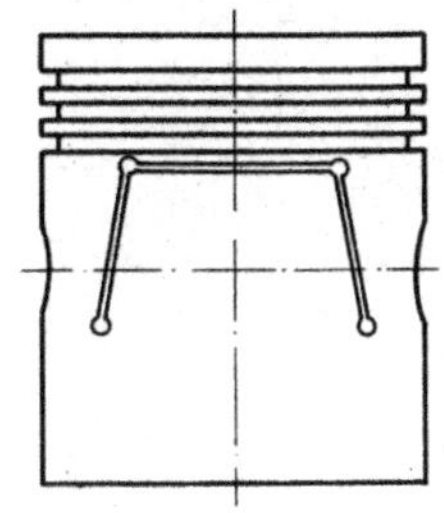

Abb. 19. U-Schlitzkolben.

Kolbenschäften mit Schlitzen. Befriedigendes Betriebsverhalten von Kolben mit reiner Schlitzfederung ist nicht immer leicht zu erzielen. Am sichersten wird der durch Federung zu unterdrückende Ausdehnungsbetrag beim Schlitzmantelkolben aufgenommen. Soll dies ohne große Reibungsverluste geschehen, so daß der Kolbenschaft nur eine geringe Steifigkeit besitzt, dann besteht jedoch die Gefahr, daß die geschlitzte Stelle nach kurzer Laufzeit bleibend eingedrückt wird, so daß der Kolben dann klappert.

Bei den nur über einen Teil der Schafthöhe geschlitzten Kolben ist diese Neigung zum „Einfallen" weniger vorhanden. Dafür wird aber die durch Federung aufgenommene Wärmeausdehnung auch kleiner. Allgemein ist bei Schlitzfederung mit beträchtlichem Ovalverzug zu rechnen, dem durch Ovalbearbeitung begegnet werden kann. Die Stellen des Kolbens, bei denen die Wärmeausdehnungkompensation durch Schlitzen nicht erzielt werden kann, müssen außerdem von der Tragfläche zurückgesetzt werden (Abb. 20).

Abb. 20. Zurückgesetzte Tragfläche („curved relief") (Ford-Lynite-Kolben seit 1920).

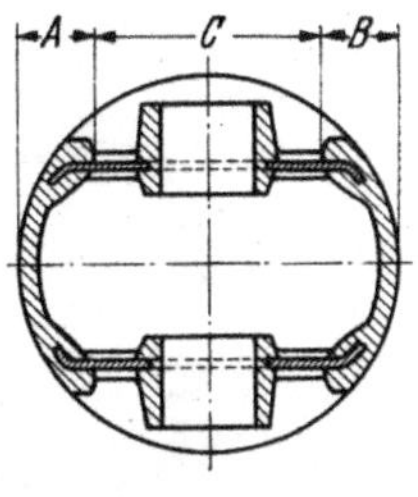

Abb. 21. Zur Wirkungsweise der Invarstreifen bei Nelsonkolben. (Die geringe Wärmeausdehnung der Invarstreifen, Strecke C, gleicht die starke Ausdehnung der Leichtmetallpartien Strecke $A + B$ aus.)

d) Als besonders vorteilhaft hat es sich erwiesen, der hohen Wärmeausdehnung von Leichtmetallkolben durch Eingießen von *Invarstahlstreifen* zu begegnen. Die hier grundlegenden Patente von Nelson sehen Streifen verschiedenster Form, Breite und Dicke vor, die von den Bolzennaben in der Richtung der Normalkräfte zu den Schaftflächen führen. Die Länge dieser Streifen im Verhältnis zum Kolbendurchmesser bestimmt im wesentlichen die mittlere Wärmeausdehnungszahl des gesamten Kolbenschaftes, für die G. Becker (*8*) einen Idealwert von etwa $9 \cdot 10^{-6}/^{0}C$ berechnet hat und dem sich manche Nelson-Kolben mit Invarstreifen weitgehend annähern (Abb. 21). Abb. 22 bis 24 lassen das Grundsätzliche der Nelson-Bauformen erkennen.

Der Hauptvorteil von Kolben mit Ausdehnungskompensation durch Invarstahl besteht darin, daß selbst bei einfacher zylindrischer Schaftausführung ein gutes

Abb. 22. Ursprüngliche Form des Nelsonkolbens ohne Abstützarme (Chrysler 1924).

Abb. 23. „Schmalstreifen"-Nelsonkolben (Opel 1931).

Abb. 24. „Breitplatten"-Nelsonkolben (Daimler 1933).

Tragbild, kleine Einbauspiele, ruhiger Gang der Motoren und geringe Reibleistung erzielt werden.

e) Auch *Bimetallwirkungen* kann man benutzen, um die Schaftausdehnung von Kolben klein zu halten (Abb. 25). Hierher gehört der sog. *Autothermic-Kolben*, der ebenfalls von NELSON stammt (vgl. Abb. 26). Die Bimetallwirkung eines ge-

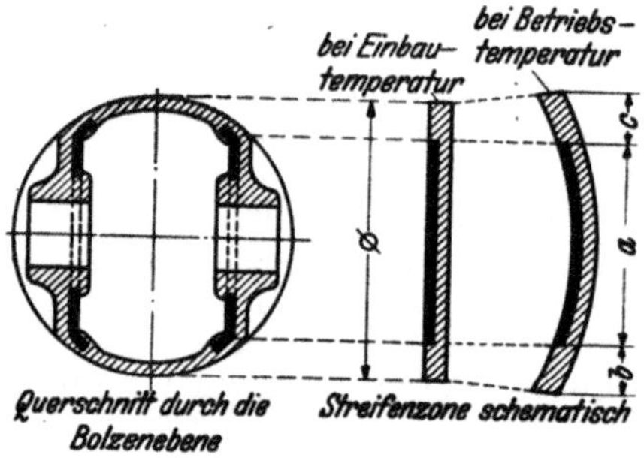

Abb. 25. Bimetallwirkung bei Autothermic-Kolben.

Abb. 26. Autothermic-Kolben (Opel 1937).

wöhnlichen Stahlbleches zusammen mit Aluminium-Armen, die zwischen Nabe und Schafttragfläche liegen, wird dazu benutzt, um den Kolben in der Wärme oval zu verformen. Durch geeignete Bemessung läßt es sich erreichen, daß dabei der Kolbendurchmesser in der Druckrichtung praktisch bei allen Betriebstemperaturen konstant bleibt.

Das Prinzip der Ausdehnungskompensation durch Bimetallwirkung kann auch auf andere Weise verwirklicht werden, z. B. durch eingegossene Stahlringe oder Ringsegmente im Kolbenschaft (Abb. 27).

Die Kompensation der Wärmeausdehnung erfolgt bei den dargestellten Bauarten meist nur in der Druckrichtung, während der Schaft in Bolzenrichtung, besonders beim Autothermic-Kolben, meist sogar eine erhöhte Ausdehnung erfährt, die durch Ovalbearbeitung ausgeglichen werden muß. Daher wird häufig zusätzlich von der Federung des Schaftes durch Schlitze Gebrauch gemacht, so daß sehr geringe Einbauspiele möglich werden.

Abb. 27. Kolben mit Stahlsegmenten zur Kompensation der Wärmeausdehnung.

f) Als eine andere Art von „*Bimetall*"-*Wirkung* kann die gegenseitige Beeinflussung von zwei Zonen *gleichen Werkstoffs* und *verschiedener Temperatur* gelten. Da der Kolbenboden wesentlich heißer wird als der Schaft, tritt zwischen beiden eine solche Wirkung ein, die sich ebenfalls zur Kompensation der Wärmeausdehnung heranziehen läßt. Dies ist dadurch möglich, daß man die Verbindung vom Boden zum Schaft auf Stützen zu den Naben beschränkt und die eigentlichen Schaftgleitflächen durch Schlitze von der Ring- und Bodenzone trennt. Der Boden zwingt dann den Schaft zu einer gegenüber seiner Eigentemperatur erhöhten Ausdehnung in Bolzenrichtung, was einen Ovalverzug mit verkleinerter Ausdehnung in der Druckrichtung zur Folge hat.

Kolben, die nach den dargestellten Gesichtspunkten arbeiten, sind z. B. der BHB-Kolben[1] und der MEC-Kolben[2] (Abb. 28 und 29).

Abb. 28. MEC-Kolben mit nur innerer Abstützung des Bodens (Adler-Trumpf-Junior 1936).

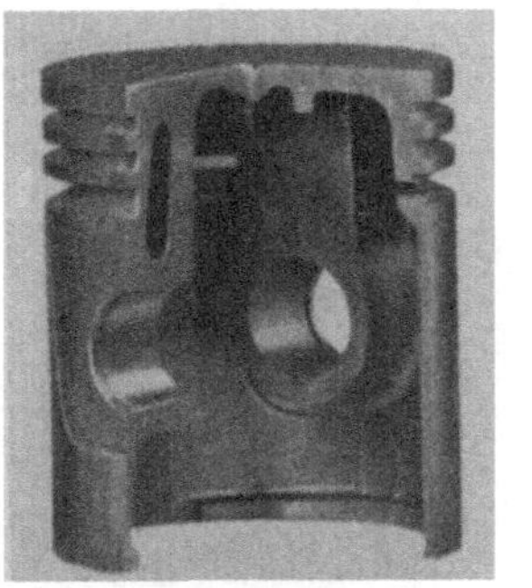

Abb. 29. MEC-Kolben mit innerer und äußerer Abstützung des Bodens (Opel P 4 1936).

Für die praktische Bewährung derartiger Kolben ist es wichtig, daß man möglichst ohne Längsschlitze im Schaft auskommt. Allerdings ist es infolge der nötigen großen Ovalität meist schwierig, ein gleichmäßiges Tragbild zu erzielen.

6. Einflüsse der Herstellung.

Unter den Faktoren, die die Gestaltung der Kolben bestimmen, darf die Herstellungsweise nicht vernachlässigt werden.

Die ursprünglich allgemein übliche Grundformherstellung war der Sandguß, der auch heute noch für Grauguß- und Stahlkolben angewandt wird. Leichtmetalllegierungen werden nur in Ausnahmefällen, nämlich in geringen Stückzahlen und

[1] Bentley Motors Ltd., London. [2] Mahle KG., Bad Cannstatt.

bei besonders großen Abmessungen in Sandformen für Kolben vergossen. Sandguß gestattet zwar die größte Freizügigkeit in der Formgebung, da sich verwickelte Hinterschnitte, erleichternde Hohlräume u. dgl. leicht ausführen lassen. Dagegen stellen die Erstarrungsbedingungen auch wieder rückwirkende Forderungen an die Form, wie z. B. möglichst gleichmäßige Wandstärken. Es kommt hinzu, daß die im Sandguß erzielbaren Festigkeitswerte zumeist niedrig und nicht sehr gleichmäßg sind.

Die weitaus größte Anzahl von Leichtmetallkolben wird in Kokillen gegossen (Abb. 30). Dabei ist es mit Hilfe von geteilten Innenkernen möglich, eine ziemlich freie Formgebung zu verwirklichen. Gewisse Beschränkungen ergeben sich allerdings gegenüber dem Sandguß dadurch, daß die Kernteile durch Ziehen, Schwenken, in manchen Fällen auch durch Drehen aus dem fertigen Gußstück herausgenommen werden müssen. Gleichmäßigkeit der Wandstärken erleichtert zwar beim Kokillenguß die Erzielung dichter Querschnitte. Trotzdem können auch Formen mit ziemlich schroffen Übergängen einwandfrei gegossen werden, wenn durch geeignete Führung des Metallflusses und besondere Kühlmaßnahmen dafür gesorgt wird, daß die zuletzt erstarrenden Stellen noch die Möglichkeit haben, flüssiges Metall von außen anzusaugen.

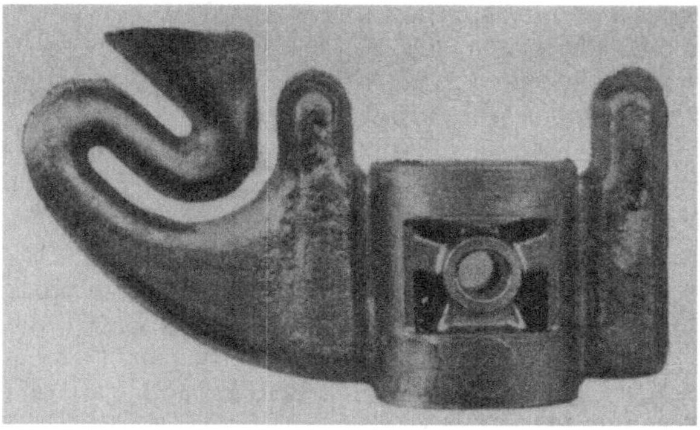

a) mit großem Anguß,

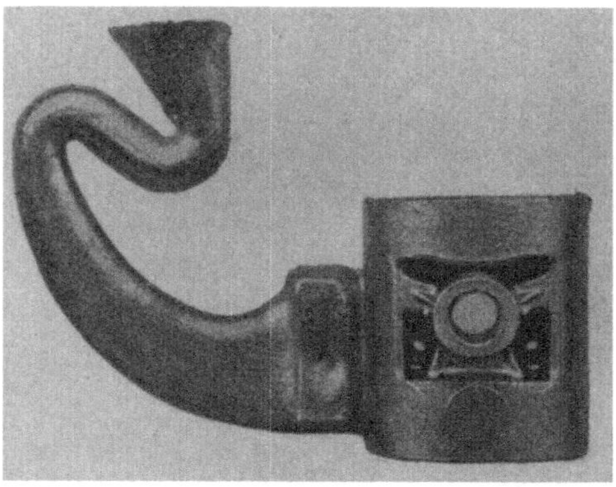

b) mit kleinem Anguß (verbesserte Gießtechnik).

Abb. 30. Leichtmetall-Kolbenrohling in Kokille gegossen,

Das Kokillengußverfahren gestattet in besonders einfacher Weise das Eingießen von Ringträgern, Invarstahlplatten, Bimetallelementen usw., wobei eine innige und feste Verbindung erreicht wird. Die Festigkeit der in Kokille gegossenen Kolben liegt wegen der rascheren Erstarrung und des damit verbundenen feineren Gefügekorns höher als bei Sandguß. Da auch die Maßgenauigkeit größer ist, kommt man mit geringeren Querschnitten und leichteren Bauformen zurecht.

Das Pressen bzw. Gesenkschmieden von Kolbenrohlingen wird noch nicht sehr lange in größerem Umfang durchgeführt. Es bietet jedoch infolge der wesentlich erhöhten und gleichmäßigen Festigkeit im Werkstoff zahlreiche Vorteile, so daß hochbeanspruchte Motoren, insbesondere für Flugzeuge, Rennwagen, auch manche Diesellastwagen, heute fast allgemein mit gepreßten Kolben ausgerüstet werden.

Das Arbeitsverfahren beim Gesenkschmieden bringt es mit sich, daß die Innenform der Kolben gewöhnlich durch einen einzigen ungeteilten Formstempel und

Druck in einer Richtung hergestellt werden muß. Auf diese Weise können am Rohling keine Hinterschnitte erzeugt werden. Auch in bezug auf die Konizität der Schaftwandungen, sowie auf die Höhe von Verrippungen sind durch die Technik des Herstellungsverfahrens Beschränkungen in der Form gegeben. Man ist daher gezwungen, die Fertiggestalt der Kolben viel mehr als beim Guß durch spanabhebende Bearbeitung, insbesondere Fräsen und Ausdrehen im Kolbeninnern, zu erzeugen. Diese verteuernden Nachteile des Pressens von Kolben werden durch neuere Verfahren umgangen, die durch Unterteilung des Preßvorganges und geteilte Preßwerkzeuge die Herstellung von Hinterschneidungen gestatten. Bei der Herstellung von Kolben im Gesenk muß man noch unterscheiden, ob die Innenform gleich fertiggepreßt wird (vorzugsweise auf hydraulischen Pressen) oder ob sie roh vorgeschmiedet (meist mit Benutzung von Fallhämmern) und dann allseitig bearbeitet wird. Die erstere Arbeitsweise wird in Deutschland und USA., die letztere in England bevorzugt.

C. Auswahl und Eigenschaften der Werkstoffe.

1. Allgemeines. Besondere Anforderungen.

Zwischen der Gestaltung und dem Werkstoff bestehen beim Kolben der schnelllaufenden Kraftmaschinen so enge Wechselbeziehungen, daß eine Darstellung der Gestaltungsgrundsätze ohne nähere Hinweise auf die besonderen Werkstoffe und ihre Eigenschaften unvollständig wäre.

Die Kolbenlegierungen nehmen unter den Werkstoffen des Motorenbaues eine Sonderstellung ein. Man fordert von ihnen eine Reihe von Eigenschaften, die sich zum Teil gegenseitig ausschließen, so daß sie meist nur in Form eines Kompromisses in einem Werkstoff zugleich vorhanden sein können. Dies mag auch der Grund dafür sein, daß die Anzahl der praktisch zur Verwendung kommenden Kolbenwerkstoffe besonders seit dem Einsatz von Leichtmetallegierungen ziemlich groß geworden ist. Wenn sich auch in neuerer Zeit ein Zug zur Vereinfachung und Vereinheitlichung herausgebildet hat, so bleiben doch nach wie vor einige grundverschiedene Kolbenwerkstoffe im Gebrauch, je nach den Sondereigenschaften, die vom Konstrukteur im einzelnen Fall für überwiegend wichtig gehalten werden. Die wichtigsten Eigenschaften, die von einem Kolbenwerkstoff gefordert werden, lassen sich nach den in den vorhergehenden Abschnitten dargelegten Gesichtspunkten wie folgt zusammenfassen:

a) Von überwiegender Bedeutung für die im Betrieb auftretenden Beanspruchungen des Motors ist das *Kolbengewicht.* Deshalb sind Werkstoffe mit niedrigem spezifischem Gewicht günstiger. Leider stehen dem geringen spezifischen Gewicht von Magnesiumlegierungen ($1{,}8 \cdots 1{,}9$ g/cm^3) manche Nachteile gegenüber, die die Ausnutzung der Leichtigkeit dieser Werkstoffe für Kolben nur in Sonderfällen zulassen. (Es muß in diesem Zusammenhang auch auf das Beryllium mit $1{,}8$ g/cm^3 hingewiesen werden, dem von manchen Seiten wegen seiner Leichtigkeit und wegen seines hohen Schmelzpunktes trotz hohen Preises, Sprödigkeit und schwieriger Verarbeitung Erwartungen als Kolbenbaustoff für Höchstleistungsmotoren entgegengebracht werden.)

Das spezifische Gewicht der Aluminiumlegierungen ergibt mit $2{,}6 \cdots 2{,}9$ g/cm^3 bei den auch sonst günstigen Eigenschaften dieser Werkstoffe für die überwiegende Anzahl von Kolbenkonstruktionen die günstigsten Verhältnisse. Die niedrigeren Werte werden von den eutektischen und übereutektischen Aluminium-Silizium-Legierungen erreicht ($2{,}65 \cdots 2{,}75$ g/cm^3), die höheren ergeben sich mit steigenden Schwermetallzusätzen, besonders Kupfer. Aluminiumlegierungen mit höheren

Magnesiumzusätzen, die noch leichter sind (etwa 2,6 g/cm³), finden bisher wegen anderer Mängel nur wenig Verwendung.

b) Die Forderung hinreichender *mechanischer Widerstandsfähigkeit* (auch bei den u. U. auftretenden *höheren Betriebstemperaturen*) wird durch die übrigen Forderungen weitgehend eingeengt. Tatsächlich ist es meist unzweckmäßig, für Kolben Werkstoffe höchster Festigkeit, etwa hochfeste Stähle, zu verwenden, da dann andere wichtige Eigenschaften fehlen. Auch bei den Leichtmetallegierungen finden nicht diejenigen mit den höchsten Festigkeitsnennwerten Verwendung, sondern solche mit anderen ausgeprägten Eigenschaften.

c) Wichtiger ist die Wahl eines Werkstoffes möglichst *geringer Wärmeausdehnung*, um zu erreichen, daß der Kolben sich im Betrieb möglichst ebenso wie der Zylinder ausdehnt, damit keine wesentliche Veränderung des Laufspieles eintritt. Die günstigste Wärmeausdehnungszahl wäre $\alpha = 6$ bis $9 \cdot 10^{-6}/^0$ C für den Kolbenwerkstoff. Werte in diesem Bereich lassen sich durch Legieren allerdings nur bei Eisenwerkstoffen unter Verzicht auf andere wichtige Eigenschaften erzielen. Praktisch muß man bei Gußeisen- und Stahlkolben mit der gegebenen Wärmeausdehnungszahl von $11 \cdots 12 \cdot 10^{-6}/^0$ C rechnen. Die hohen Wärmeausdehnungszahlen der Leichtmetalle (Aluminium etwa $24 \cdot 10^{-6}/^0$ C, Magnesium etwa $26 \cdot 10^{-6}/^0$ C) waren zu Beginn der Leichtmetall-Kolbenentwicklung wohl mit die größten Hindernisse. Mit den Aluminium-Sizilium-Legierungen ist es jedoch gelungen, eine beträchtliche Herabsetzung der Wärmeausdehnungszahl bis auf 20 und sogar $17 \cdot 10^{-6}/^0$ C zu erreichen. Konstruktive Möglichkeiten, die gesamte Ausdehnung des Kolbens weiter zu verringern, sind im vorstehenden Abschnitt B 5 angegeben.

d) Da der Kolbenboden eine Wand zwischen einem heißen und einem kühleren Gasraum darstellt, ist auch die *Wärmeleitfähigkeit* der Kolbenwerkstoffe eine wichtige Größe. Je höher sie ist, desto niedrigere Wärmegefälle sind nötig, um die durch die Verbrennung einfallende Wärmemenge an kühlere Bereiche abzuführen, desto niedriger fallen daher auch die Betriebstemperaturen, die Wärmespannungen und die Wärmeausdehnungen aus. Hohe Werte der Wärmeleitfähigkeit werden nur von reinen Metallen erreicht, während Legierungen, insbesondere bei Mischkristallbildung, zumeist eine starke Einbuße mit sich bringen. Unter den Eisenwerkstoffen für Kolben hat der unlegierte Grauguß bzw. Stahlguß Wärmeleitwerte zwischen 0,09 und 0,13 cal/cm sec ^{0} C. Legierte Sonderwerkstoffe, insbesondere mit Kupfer- und Chromgehalten, erreichen meist nur etwa 0,05 cal/cm sec ^{0} C. Die Wärmeleitfähigkeit des reinen Aluminiums liegt mit 0,52 cal/cm sec ^{0} C recht hoch und wird nur noch von reinem Kupfer und Silber übertroffen. Die heutigen Aluminium-Kolbenlegierungen weisen je nach der Zusammensetzung Wärmeleitzahlen zwischen 0,23 und 0,40 cal/cm sec^0 C auf.

e) Wesentliche Bedeutung kommt ferner dem *Verhalten in der Wärme* zu. Darunter ist nicht nur die statische und dynamische Warmfestigkeit, die Dauerstandfestigkeit und die Warmhärte zu verstehen, die zur Kennzeichnung des Kolbenwerkstoffs dienen können. Man muß vielmehr auch darauf achten, inwieweit sich die Betriebstemperatur dem unteren Schmelzpunkt des Kolbenwerkstoffes nähert. Dabei ist es wichtig zu wissen, welche Veränderungen im Lösungsgleichgewicht der Legierungsbestandteile bei steigenden Temperaturen eintreten. Damit sind nämlich häufig erhebliche Volumenänderungen verbunden, die entweder durch vorherige Wärmebehandlung oder entsprechende Spielbemessungen ausgeglichen werden müssen. Am günstigsten wären natürlich Kolbenwerkstoffe mit möglichst hohem Schmelzpunkt, bei denen außerdem keine Verschiebung im Lösungsgleichgewicht mit den Legierungsbestandteilen eintritt. In beiden Hinsichten sind

Eisenwerkstoffe den Leichtmetallen überlegen. Trotzdem überwiegen die praktischen Fälle, wo aus anderen Gründen (Wärmeleitfähigkeit, Querschnittsbemessung) auch in thermischer Hinsicht ein beträchtlicher Vorteil der Leichtmetalllegierungen gegenüber den Eisenwerkstoffen besteht.

f) Die *Gleiteigenschaften* müssen selbstverständlich bei Kolbenwerkstoffen den besonderen Verhältnissen angepaßt sein. Im Vordergrund steht hier der Widerstand gegen *Verschleiß*. Grauguß und Stahllegierungen erreichen zwar auf Prüfmaschinen die günstigsten Werte, aber auch die neuzeitlichen Aluminiumkolbenlegierungen, voran die mit Silizium legierten, halten den Betriebsbeanspruchungen in bezug auf Verschleiß so gut stand, daß nur bei abnormalen Betriebsverhältnissen ein Abrieb festzustellen ist. Weniger günstig ist das Verschleißverhalten der heutigen Magnesiumlegierungen. Darin liegt der Hauptgrund, daß sie für Kolben bisher nur beschränkt eingesetzt werden.

Für den *Reibungswiderstand* eines Kolbenwerkstoffs gegenüber der geschmierten Zylinderlaufbahn ist vorwiegend der Bearbeitungszustand der Oberfläche maßgebend. Ein Einfluß des Werkstoffs tritt erst dann deutlich in Erscheinung, wenn die Schmierung versagt oder wenn Kolben wegen zu geringen Spiels oder falscher Formgebung im Zylinder klemmen. Unter solchen Grenzbedingungen verhalten sich Legierungen mit fein verteiltem heterogenem Gefüge, wie die Al-Si-Legierungen, am besten. Sie vertragen hohe Gleitflächenbelastungen und Gleitgeschwindigkeiten. Legierungen mit geringen Gehalten an härteren Kristalliten kommen eher zum Anreiben, da sie leicht einen ölabweisenden Laufspiegel ausbilden, während auch Werkstoffe mit überhöhten Gehalten an spröden Kristallen bei höheren Flächenpressungen durch Verkantung oder Brechen dieser Gefügebestandteile leichter zum Fressen kommen.

g) Die bisher aufgezählten Eigenschaften bestimmen im wesentlichen das technische Verhalten eines Kolbenwerkstoffs. Für die praktische Auswahl kommen jedoch noch andere Gesichtspunkte in Frage. Hierher gehört vor allem der nicht zu unterschätzende Einfluß der *Herstellungs-* und *Bearbeitungskosten*. Besonders der amerikanische Kraftwagenbau mißt diesem Punkt zuweilen noch höhere Bedeutung bei als allen technischen Eigenschaften. So erklärt es sich, daß in manchen Motoren Kolbenwerkstoffe Verwendung finden, deren Eigenschaften eben noch genügen, nur deshalb, weil sie billig aus Umschmelzlegierungen gegossen und sehr leicht bearbeitet werden können. Im Gegensatz dazu bevorzugt der europäische Motorenbau hochwertige Legierungen und paßt die Fertigung ihren Besonderheiten an.

2. Eisenkolbenwerkstoffe.

Eisenkolben waren zu Beginn der Entwicklung schnellaufender Kolbenkraftmaschinen die Regel, heute sind sie durch Leichtmetallegierungen an den meisten Stellen verdrängt worden. Ihre Anwendung beschränkt sich vorwiegend auf Motoren mäßiger thermischer Belastung. In Fortführung des früheren Gebrauchs wird der überwiegende Teil der heute noch eingebauten Eisenkolben aus unlegiertem Grauguß hergestellt. Man findet dabei die verschiedenartigsten Gattierungen, bevorzugt jedoch mit Rücksicht auf gute Festigkeit und geringen Verschleiß Sorten mit möglichst perlitischem Gefüge. Bei besonders geringen Wandstärken wird in Einzelfällen auch legierter Grauguß verwendet, ohne daß aber davon besondere Vorteile erwartet werden können.

Da die Verwendung von Graugußkolben häufig allein durch Preisgründe bestimmt wird, wählt man oft geglühten Grauguß für Kolben. Dieser meist ferritisch

Zahlentafel 7. Zusammensetzung und Eigenschaften

Grundmetall	Aluminium				
Gruppe	Al-Cu	Al-Cu-Ni		Al-Si eutektisch	
Legierung	Mahle 101 Nüral 122	Y-Legierung, Nüral 142		Mahle 124, KS 1275, Lo-Ex, Nüral 132 a—c	
Zustand	Kokillenguß vergütet	Kokillenguß vergütet	gepreßt vergütet	Kokillenguß vergütet	gepreßt vergütet
Zusammensetzung . . Cu vH	9···11	3,5···4,5		0,8···2,0	
Ni vH	—	1,8···2,2		0,8···2,4	
Si vH	< 0,5	< 0,3		11,5···14,2	
Mg vH	0,15···0,35	1,3···1,8		0,8···1,3	
Fe vH	< 1,5	< 0,3		< 0,6	
Mn vH	—	—		—	
Sonstige vH	—	—		—	
Spezifisches Gewicht . . g/cm³	2,9···3,0	2,8···2,85		2,7	
Lineare Wärmeausdehnungszahl $\cdot 10^{-6}$ cm/cm °C (20···200°)	23···24	23···24		20···21	
Wärmeleitfähigkeit cal/cm sec °C bei 60° C .	0,31···0,35	0,33···0,36	0,34···0,38	0,32	0,34
Verschleißwert nach E. Koch . (verglichene Abriebmenge)	1,0 Bezugswert	0,9		0,8	
Brinellhärte					
bei 20° C . . . . kg/mm²	110···140	100···130	120···140	100···125	100···130
bei 300° C . . . kg/mm²	30	32	32	30	28
Zugfestigkeit					
bei 20° C . . . . kg/mm²	18···24	20···27	37···40	18···24	32···34
bei 300° C . . . kg/mm²	8···10	9···11	15···16	9···12	13···15
Bruchdehnung δ_5					
bei 20° C . . . . . . vH	0,1···0,5	0,3···0,8	2···12	0,3···1	2···5
bei 300° C . . . . . vH	1···4	2···6	8···15	1···5	5···8
Wechselbiegefestigkeit ($20 \cdot 10^6$ Lastwechsel)					
bei 20° C . . . . kg/mm²	7	7	12	8,5	10,5
bei 300° C . . . kg/mm²	4,5	4,5	10	5	9,5
Elastizitätsmaß . . . kg/mm²	6800	6800	6800	7500	7500
Verwendungsbereich	Ältere Legierung für normale Beanspruchung	Für hohe Wärmebeanspruchung (z. B. Fahrzeugdiesel)	Für höchste mechanische und Wärmebeanspruchung (Flugmotoren, Rennmotoren)	Meistverwendete Legierungsgruppe für alle Motoren: bei normaler Beanspruchung	bei höherer Beanspruchung

gewordene Werkstoff ist weich und weniger verschleißfest, hat jedoch den großen Vorteil, daß er leicht zu bearbeiten ist. Durch die Beseitigung der Gefügeungleichmäßigkeit bei verschiedenen Wandstärken werden außerdem die Werkzeugkosten verringert.

Stahlkolben fanden früher für schnellaufende Kolbenkraftmaschinen kaum Verwendung. In den letzten Jahren sind jedoch im Wettbewerb mit den leichten und immer mehr verbilligten Leichtmetallkolben neue Werkstoffe entwickelt worden, die sich verhältnismäßig gut gießen lassen und dabei nach einer Vergütungsbehandlung die Eigenschaften hochfester, geschmiedeter Stähle annehmen, was eine dünnwandige Gestaltung erlaubt. Hierher gehört ein von Ford entwickelter Graphitstahlguß, sowie ein mit ArMasteel bezeichneter Werkstoff der meistverwendeten Kolbenwerkstoffe.

Aluminium				Magnesium	Eisen		
Al-Si übereutektisch				Mg-Ce	Grauguß		Halbstahl
Alusil	KS 280	Mahle 138		Mahle 549	Ge 18.91, 26.91		Ford
Kokillenguß	Kokillenguß vergütet	Kokillenguß vergütet	gepreßt vergütet	gepreßt	ungeglüht perlitisch	geglüht ferritisch	Sandguß vergütet
1···2	1,5	0,7···1,5		2 Mn	3,0···3,5 C		1,4···1,6 C
—	1,5	0,7···1,0		5 Ce	1,8···2,5 Si		0,9···1,1 Si
20···21	21···22	16,5···18,5		Rest Mg	0,5···0,8 Mn		0,6···0,8 Mn
—	0,5	0,7···1,5			0,2···0,6 P		2,5···3,0 Cu
< 0,7	—	< 0,5			< 0,1 S		0,1···0,2 Cr
—	0,7	—			Rest Fe		Rest Fe
—	1,2 Co	—					
2,65	2,7	2,68		1,9	7,3		7,48
18	17···18	18···19		26	11···12		12
0,28	0,25	0,28	0,30	0,27	0,10···0,13		0,055
0,65	0,7	0,7		1,6	0,45		—
85···100	95···110	100···110	100···110	65	180···220	130···170	200···250
30	32	32	28	12	170···210	120···160	—
15···19	15···19	16···20	26···29	22	18···30	16···28	58···70
8···10	9···12	8···10	11···13	7	16···28	14···28	—
0,1···0,5	0,1···0,5	0,1···0,4	1···3	4···6	—	—	—
1···2	0,4···1	0,5···2	2···5	> 100	—	—	—
7	8,5	8	10	7	9···10		—
4,5	5	5	9,5	4,8	8···9		—
8200	8600	7700	8000	4200	8500···10500		—
Für Motoren mit hoher Betriebstemperatur bei mäßiger mechanischer Beanspruchung (inbes. Zweitakt-Ottomotoren)			Desgl. bei höherer mechan. Beanspr. (Zweitakt-Diesel)	In Sonderfällen (z.B. Rennmotoren)	Bei geringer Wärmebeanspruchung		

der General Motors Co. Beide stellen ein Mittelding zwischen Gußeisen und Stahlguß dar[1]. Sie sollen die günstigen Eigenschaften von Schmiedestücken mit den Vorteilen des Gießens verbinden. Es ist jedoch zu beachten, daß diese Werkstoffe aus amerikanischen Fertigungsbedingungen stammen, deren Übertragung auf europäische Verhältnisse nicht ohne weiteres möglich ist.

3. Leichtmetallkolbenlegierungen.

Leichtmetallkolben sind wohl zuerst von Frhr. von Selve um 1910 mit Erfolg verwendet worden. Größeren Umfang nahm ihr Einsatz jedoch erst durch

[1] Auch „Halbstahl" genannt. Vgl. S. 92.

die Bemühungen einzelner deutscher Firmen nach 1920 an. Damals wurde etwa gleichzeitig mit Magnesium- und Aluminiumlegierungen eine Entwicklung begonnen, die erst nach langen Jahren zur Herausbildung einiger weniger, praktisch angewandter Werkstoffe geführt hat.

a) Magnesiumlegierungen. Unter den Magnesiumlegierungen war die Auswahl schwierig, weil sich kaum eine darunter befand, die zugleich genügend hohe Warmfestigkeit, Verschleißbeständigkeit und Wärmeleitfähigkeit aufwies. Es kamen daher abwechselnd das schwach mit Silizium legierte Elektron CMSi, die Legierungen ZS 32 (Zink-Silizium-haltig) und A 8 (mit Aluminiumgehalt) zur Verwendung. Nachdem Magnesiumlegierungen für Kolben fast ganz aus dem Gebrauch gekommen sind, sind heute für Sonderzwecke die Magnesium-Cer-Legierungen als günstigste allein übriggeblieben.

b) Die Aluminiumlegierungen mit Kupfergehalt herrschten wegen der verhältnismäßig günstigen Gieß- und Bearbeitungseigenschaften lange Zeit vor. Dabei ging der Kupferzusatz von 18 vH allmählich bis auf 9···11 vH zurück. Um eine höhere Vergütungshärte zu erzielen, wurde ein geringer Magnesiumgehalt zugegeben. Schließlich wurde aus wirtschaftlichen Gründen in den USA. eine Verunreinigung mit Eisen und Silizium in größerem Umfang zugelassen. Heutige Vertreter dieser Gruppe tragen die Legierungsbezeichnung Bohnalite, Mahle 101, Nüral 122.

c) Eine andere Gruppe von Aluminium-Kupfer-Legierungen enthält niedrigere Kupfergehalte zwischen 2 und 5 vH. Man erreichte durch Zusätze von Nickel und Magnesium hohe Warmfestigkeit und Vergütbarkeit, insbesondere im geschmiedeten Zustand. Ein typischer Vertreter dieser Gruppe ist die *Y-Legierung*, die verschiedene Abwandlungen erfahren hat, wie RR 53 und RR 59, wo ein Teil des Kupfers durch Eisen und Silizium ersetzt wurde. Diese Richtung wird vom englischen Motorenbau bevorzugt.

d) Weit verzweigt war eine Zeitlang die Gruppe der *Aluminium-Silizium-Legierungen.* Schließlich sind zwei Haupttypen entstanden, nämlich eine sog. eutektische Gruppe mit 11 bis 14 vH Silizium und wechselnden Zusätzen an Kupfer, Nickel und Magnesium und eine übereutektische Gruppe mit 17 bis 22 vH Silizium und ebenfalls verschiedenen kleineren Zusätzen an Kupfer, Nickel, Kobalt, Magnesium und Mangan (siehe Zahlentafel 7). Aus Legierungen dieser beiden Gruppen können heute fast für alle Motorenarten Kolben mit gutem Betriebsverhalten hergestellt werden. Die eutektischen, sowie einige übereutektische Legierungen (Mahle 138) lassen sich für die höheren Beanspruchungen der Flug- und Dieselmotoren auch durch Warmpressen verarbeiten. Bei den Legierungen dieser Gruppe werden heute schon sehr niedrige Sparstoffgehalte erreicht. Versuche, den Sparstoffgehalt noch weiter zu senken, versprechen Erfolg (Legierung Mahle 190).

e) Zwitterbildungen zwischen Al-Cu- und Al-Si-Legierungen sind des öfteren versucht worden, ohne sich jedoch auf die Dauer durchsetzen zu können. Ein Beispiel für diese Richtung ist eine Kolbenlegierung von Chrysler mit 10 vH Kupfer, 5 vH Silizium und 0,2 vH Magnesium, bei der durch den Siliziumzusatz eine verbesserte Eloxierbarkeit erreicht worden ist.

4. Nebenwerkstoffe.

Der Kolbenbau benötigt verschiedene Nebenwerkstoffe mit besonderen Eigenschaften, unter denen abgestimmte Wärmeausdehnungszahlen vorwiegende Bedeutung haben.

a) Der größte Teil der Streifen, die in Kolbenschäfte eingegossen werden, um die Wärmeausdehnung zu verringern, besteht aus *Invarstahlblech* mit Nickelgehalten von 32,5 bis 36 vH und bis 0,2 vH Kohlenstoff bei geringen Mangan- und Siliziumgehalten. Dieser Werkstoff hat eine Wärmeausdehnungszahl von 2 bis $5 \cdot 10^{-6}/{}^{0}$ C in dem dafür wesentlichen Temperaturbereich von 20 bis 200^{0} C. Um das Invarblech sauber stanzen und biegen zu können, muß es eine Festigkeit von 50 kg/mm² und eine Mindestdehnung von 30 vH aufweisen.

b) Erfolgt die Ausdehnungskompensation durch Bimetallwirkung von *Stahlstreifen*, so verwendet man hierfür eine ausgewählte Sorte Tiefziehblech, dessen Dicke aus Gründen der Gewichtstoleranz in engen Grenzen gehalten werden muß.

c) In ganz anderer Richtung müssen die Eigenschaften von Werkstoffen für *Ringträger, Bodeneinsätze* u. dgl. liegen, die in Leichtmetallkolben eingegossen oder eingepreßt werden sollen. Hier kommt es darauf an, daß die Wärmeausdehnung der Nebenwerkstoffe denen der Kolben möglichst nahekommt, damit durch die Betriebswärme kein gegenseitiges Verschieben und Lockern eintritt. Diese Forderung nach hoher Wärmeausdehnung erfüllen vorwiegend austenitische Eisenlegierungen, wie einige hochlegierte Mangan-Nickel-Stähle, sowie andere Stähle, die sonst wegen ihrer hohen Warmfestigkeit und Zunderbeständigkeit Verwendung finden. Alle diese Legierungen haben Wärmeausdehnungszahlen zwischen 17 und $21 \cdot 10^{-6}/{}^{0}$ C. Für einfache Kolbenringträger verwendet man ein unter der Bezeichnung Niresist bekanntes Gußeisen, das mit etwa 14 vH Nickel, 6 vH Kupfer und 1,5 vH Chrom legiert ist. In Sonderfällen, wo neben Warmfestigkeit und hoher Wärmeausdehnung auch gute Wärmeleitung erforderlich ist, fertigt man Ringträger und Bodeneinsätze auch aus Kupfer, dem zur Härtung geringe Mengen Silizium oder Beryllium und Kobalt zulegiert werden.

5. Oberflächenbehandlung.

a) Laufflächen. Entsprechend der Wichtigkeit eines guten Gleitverhaltens der Kolben wendet der Motorenbau verschiedene Maßnahmen an, die die Laufeigenschaften der Kolbenwerkstoffe zur Geltung bringen bzw. verbessern. Die größte Bedeutung hat hierbei eine hochwertige mechanische Bearbeitung, die Oberflächen von großer Glätte erzeugt. Ob diese durch Feinschleifen, Feinschlichten mit Hartmetallwerkzeugen oder Feinstdrehen mit Diamanten erreicht wird, hängt von den Besonderheiten der Herstellung ab.

Unter den besonderen Oberflächenbehandlungsverfahren hat das „*Eloxieren*" etwa seit 1934 in großem Umfang bei Kolben Eingang gefunden. Durch anodische Oxydation wird eine für Öl saugfähige Schicht auf der Kolbenoberfläche erzeugt, die für kurzzeitig ungünstige Schmierzustände, wie sie z. B. bei Kaltstart herrschen, unempfindlich ist. Die verhältnismäßig harte Eloxalschicht verträgt jedoch keine besonders hohen Gleitbahndrücke oder gar Kantenpressungen.

Schwierigkeiten mit dem Gleitverhalten von Kolben bestehen am meisten während des Einlaufens neuer Motoren. Für diese Übergangszeit haben sich dünne Schutzschichten von weichem Metall bewährt. Nachdem zunächst nur Graugußkolben durch galvanische *Zinn*überzüge vor dem Fressen im Neuzustand geschützt wurden, ist etwa 1936 auch das haltbare Verzinnen von Aluminiumkolben gelungen und in großem Umfang eingeführt worden. Man verwendet dazu ein sog. Ansiedeverfahren, bei dem Zinn aus einer Salzlösung gegen das unedlere Aluminium der Kolbenoberfläche ausgetauscht wird.

Neuerdings kann auch Blei zur Gleiterleichterung auf ähnliche Weise auf Aluminiumkolben niedergeschlagen werden.

Weichmetallüberzüge an Gleitflächen wirken vor allem deshalb vorteilhaft, weil sie durch plastisches Nachgeben rasch zur Bildung einer genügend großen tatsächlichen Tragfläche auf den Kämmen des Bearbeitungsprofils führen. Nichtmetallische Überzüge, wie Kunstharz-gebundene Graphitschichten treten in letzter Zeit zunehmend an die Stelle der Verzinnung. Die so behandelten Gleitflächen verhalten sich beim Einlaufen, bei Schnell- oder Kaltstart noch unempfindlicher als die verzinnten.

b) Kolbenboden. Besonderen Anforderungen müssen hochbeanspruchte Kolbenböden genügen. Bei hohen Betriebstemperaturen besteht die Gefahr, daß die Oberfläche von Leichtmetallkolbenböden erweicht. In diesem Zustand wird sie empfindlicher gegen mechanische Beanspruchungen, die im Verbrennungsraum z. B. beim Klopfen durch Druckschwingungen oder andere bisher wenig erforschte Einflüsse hervorgerufen werden. Die Folge davon sind Aufrauhung und allmähliche Werkstoffabtragung, die schließlich zur völligen Zerstörung führen kann. Gegen derartige Schäden sind verschiedene Schutzüberzüge versucht worden, ohne daß bisher eindeutige Erfolge erreicht werden konnten.

Galvanische Überzüge von Metallen, die höhere Temperaturbeständigkeit aufweisen, wie Chrom, Nickel und Silber ergeben eine gewisse Schutzwirkung, wenigstens gegen kurzzeitige Überhitzung.

Von anderen Verfahren, den Kolbenboden zu schützen, besonders durch dickere Schichten, soll hier noch die Schweißplattierung erwähnt werden. Sie wird bisher mit Reinaluminium, sowie mit Kupfer und Silber wegen ihrer gegenüber den Kolbenlegierungen höheren Schmelzpunkte und Wärmeleitfähigkeit für Sonderzwecke ausgeführt.

Der bisher am häufigsten verwendete Schutz gegen thermische Beschädigung von Aluminiumkolbenböden ist die Eloxalschicht. Sie zeichnet sich für diesen Zweck durch hohen Schmelzpunkt, Härte und innige Verbindung mit dem Grundwerkstoff aus.

Alle diese Überzüge können natürlich nur so lange von Nutzen sein als in dem darunterliegenden Kolbenbaustoff selbst der Schmelzpunkt noch nicht erreicht ist.

6. Kolbenringe.

Beim Zusammenarbeiten zwischen Kolbenring und Zylinder wird niedriger *Reibungswiderstand* und geringer *Verschleiß* an beiden Teilen gefordert. Außerdem ist eine auf lange Betriebsdauer *warmbeständige Federkraft* beim Kolbenring unentbehrlich. Beiden Anforderungen genügt hochwertiger Grauguß am besten, er wird daher fast ausnahmslos als Kolbenringwerkstoff verwendet. Infolge der Wandstärkenempfindlichkeit des Gußeisens hängen manche Eigenschaften der Kolbenringe wesentlich von der Herstellungsweise ab. Während früher Kolbenringe vorwiegend aus in Sand gegossenen, zum Teil auch im Schleuderguß hergestellten *Büchsen* gefertigt wurden, überwiegt heute wenigstens in Deutschland der sog. *Einzelguß*kolbenring. Man erzielt bei ihm leichter ein gleichmäßig feinkörniges und daher abriebbeständigeres Gefüge.

Die verlangten Eigenschaften lassen sich fast immer mit *unlegiertem* Gußeisen erzielen; nur wenn gehärtete und vergütete Ringe für Sonderzwecke benötigt werden, legiert man geringe Mengen Chrom, Molybdän oder auch Nickel zu.

Unter den Eigenschaften ist das Elastizitätsmaß (wegen seiner Spannungsabhängigkeit meist als Mittelwert angegeben) entscheidend für die Höhe der Kolbenringspannung bzw. den erreichbaren Anlagedruck an der Zylinderwand. Die hierfür üblichen Werte ergeben sowohl im gespannten Zustand als auch beim

Überstreifen über den Kolben Biegebeanspruchungen zwischen 20 und 35 kg/mm², denen nur Gußeisensorten von hoher Biegefestigkeit gewachsen sind. Allerdings wird ein Teil der genannten Beanspruchung im Betrieb allmählich durch bleibende Verformung abgebaut.

Die nötige Federspannung wird den Kolbenringen erteilt, indem man ihnen eine Spreizform aufzwingt, die sich beim Schließen dem runden Zylinder möglichst genau anlegt. Die Erzeugung dieser Form geschah früher vorwiegend durch maschinell erzeugte Hammerschläge auf die Innenwand mit wechselndem Abstand, heute meist durch Wärmebehandlung im gespreizten Zustand, wodurch die erzwungene Form festgehalten wird.

Zahlentafel 8.
Zusammensetzung und Eigenschaften von Kolbenringgußeisen.

	Büchsenguß	Schleuderguß	Einzelguß: normal für Graugußzylinder	Einzelguß: Sonderguß für Stahlzylinder
Kohlenstoff gesamt . . vH	3,0···3,4	3,5	3,5···3,8	3,5···3,8
davon Graphit . . . . vH	2,6···2,9	2,8···3,0	3,0···3,3	2,8···3,0
Silizium . . . . vH	1,5···2,0	1,8···2,3	2,6···3,1	3,0···3,2
Mangan . . . . vH	0,6···0,9	0,6···1,2	0,6···0,8	0,45···0,6
Phosphor . . . . . . vH	0,2···0,35	< 0,8	0,5···0,7	0,7···0,9
Schwefel . . . . vH	< 0,1	< 0,12	< 0,1	< 0,07
Brinellhärte	180···220	~ 220	230···260	230···260
Rockwellhärte (1/16″; 100kg)	88···96	96···100	99···105	99···105
Elastizitätsmaß . . kg/mm²	7000···9000	—	9000···11000	
Biegefestigkeit . . kg/mm²	35···45	—	50···65	

Eine bei Betriebstemperatur sehr dauerhafte Spannung kann auch durch Kopierdrehen der unrunden Form des offenen Rings und Ausschneiden eines Stückes am Stoß erreicht werden.

Die *Gefügeausbildung* im Guß ist für das Gleitverhalten der Kolbenringe entscheidend. Dieses fällt am besten aus, wenn der Graphit in Form feiner, gleichmäßig verteilter Blättchen (nicht grobblätterig und nicht scheineutektisch pulverig) vorliegt. Die Grundmasse soll vorwiegend fein perlitisch bzw. sorbitisch und möglichst frei von Ferrit sein. Das Netz von Phosphid-Eutektikum, dem eine verschleißhemmende Wirkung für den Ring zukommt, ist nur bei feiner maschenförmiger Verteilung vorteilhaft. Bei gröberen Anhäufungen, sowie beim Auftreten von freiem Zementit findet Versprödung und erhöhter Verschleißangriff auf den Zylinder statt.

Zur Verbesserung der *Einlaufeigenschaften* von Kolbenringen sind in den letzten Jahren zahlreiche Verfahren entwickelt worden. Es werden galvanische Metallüberzüge, besonders von Zinn, angewandt, ferner verschiedenartige mineralische Schichten, die man durch chemische Behandlung wie Inoxydation, Phosphatierung und Ätzung herstellt, sowie schließlich auch nichtmetallische Anstriche, die Graphit, Kunstharze, Poliermittel usw. enthalten.

7. Kolbenbolzen.

Der Kolbenbolzen muß vor allem widerstandsfähig gegen Wechselbeanspruchung mit stoßartigem Charakter sein. Ferner dürfen die Kraftübertragungsflächen weder durch Abrieb noch durch bleibende Verformung der Oberfläche (wie es bei weichen Werkstoffen der Fall wäre) Veränderungen der meist sehr engen Lagerspiele erleiden. Diesen Forderungen entsprechen feste, nicht spröde, an der Oberfläche jedoch möglichst harte Stähle. Sie werden im allgemeinen im Einsatz gehärtet, in Sonderfällen auch nitriert. Hochfeste vergütete Stähle, die eine genügende natürliche Oberflächenhärte aufweisen, sind nur ausnahmsweise im Gebrauch.

Zahlentafel 9. Hauptsorten von Stählen für Kolbenbolzen[1].

Sorte	Chemische Zusammensetzung C vH	Mn vH	Si vH	Cr vH	Mo vH	Sonstige vH	Verwendungsgebiet vorwiegend
Einsatzstähle DIN St C 16.61 . .	0,11···0,18	0,4	0,35	—	—	—	Kraftwagen-Ottomotoren
DIN 1663/EC 60 .	0,12···0,18	0,4···0,6	0,35	0,6···0,9	—	—	Dieselmotoren
DIN 1663/ECMo 80	0,13···0,17	0,8···1,1	0,35	1,0···1,3	0,2···0,3	—	Diesel-, Sport- und Flugmotoren
hierfür neuerdings EC 80	0,14···0,19	1,1···1,4	0,35	0,8···1,1	—	—	
Nitrierstahl FKM 54 (Krupp) . (Fliegnorm 1456.5)	0,24···0,34	0,4···0,8	0,4	2,3···2,7	0,2···0,35	0,2···0,35 V	Renn- und Flugmotoren höchste Beanspruchung

Die Warmbehandlung der Kolbenbolzen muß besonders sorgfältig durchgeführt werden. Es empfiehlt sich, nach dem Einsatz eine zweistufige Härtung vorzunehmen. Bei den meisten Einsatzstählen ist nachträglich noch ein mehrstündiges Anlassen bei 150 bis 200° C nötig, da sonst im Betrieb nicht unerhebliche Volumenänderungen durch Martensitzerfall eintreten können. Dabei muß unter Umständen Verzicht auf die erreichbaren Höchstwerte der Härte geleistet werden.

II. Pleuelstangen.

Von Dr.-Ing. habil. HEINRICH WIEGAND, Falkensee (Osthavelland).

A. Zur Einführung[2].

Die zwischen den Kolben und die Kurbelwelle der Verbrennungskraftmaschine als Verbindungsglied eingeschaltete Pleuelstange hat in der Hauptsache Wechselkräfte zu übertragen. Die Bemessung der Pleuelstange hat deshalb nach anderen Gesichtspunkten zu erfolgen als bei einem Bauteil, das im wesentlichen ruhende Kräfte aufzunehmen hat.

Leider ist allein schon aus Gründen des verwickelten Aufbaues der Pleuelstange durch reine Festigkeitsrechnung eine genaue Bemessung nicht möglich. Hinzu kommen aber noch beträchtliche Einflüsse wie Reibungserscheinungen an Lager- und Verbindungsflächen zu benachbarten Bauteilen, die der Rechnung unzugänglich und in jedem Einzelfall verschieden sind. Nicht zuletzt kommen noch unvermeidbare Streuungen im Werkstoffaufbau und Fertigungseinflüsse hinzu, die die Dauerhaltbarkeit der Pleuelstange mitbestimmen.

Im wesentlichen dient daher die Festigkeitsrechnung, soweit sie durchzuführen ist, als Näherungsrechnung, die dann durch Erfahrung, Anlehnung an ähnliche

[1] Vergleiche auch Zahlentafel 13 auf Seite 63.

[2] Der Verfasser dankt Herrn Dipl.-Ing. E. SPIEGEL für die Überlassung zahlreicher Bildunterlagen.

Ausführungen, durch Festigkeitsversuche und motorische Versuche ergänzt werden muß.

Der Konstrukteur ist deshalb bei der heute sehr schnell fortschreitenden technischen Entwicklung und notwendigen sorgfältigen Gestaltung der Bauteile besonders auf die Ergebnisse des Versuchs an Werkstoff und Bauteil unter Betriebsbeanspruchungen angewiesen.

Bei den älteren Motorenbauarten mit geringerer Drehzahl und Leistung brauchte nicht so sehr wie bei den neueren Motorenmustern auf äußerste Gewichtsersparnis geachtet zu werden. Es stand mehr Raum zur Verfügung und die letzten Möglichkeiten beanspruchungsgerechter Gestaltung mußten nicht voll ausgenutzt werden, damit die nötige Bruchsicherheit erzielt werden konnte. Bei den für schnellaufende Verbrennungsmotore üblichen Drehzahlen macht sich aber besonders für die bewegten Teile auch die geringste Gewichtsvermehrung schnell in erhöhten Kräften und damit in erhöhter Beanspruchung der Bauteile bemerkbar.

Die Grundforderungen der Gestaltung von Pleuelstangen bestehen deshalb heute in:

1. der Erzielung möglichst gleichmäßigen Kraftflusses und Vermeidung von Spannungsspitzen bei geringstem Baugewicht;

2. sorgfältiger und für den jeweiligen Fall geeigneter Werkstoffauswahl unter Berücksichtigung der Ersparnis an wertvollen Legierungselementen;

3. der Anwendung besonders geeigneter Fertigungs- und Werkstoffbehandlungsverfahren mit richtiger Abstimmung auf Spannungsverlauf und Beanspruchung im Betrieb, wobei stets den einfachsten und trotzdem ihren Zweck erfüllenden Verfahren der Vorzug zu geben ist;

4. gewissenhafter Überwachung von Werkstoff, Halbzeug und Fertigung, damit das Bauteil allen Anforderungen genügt.

Die Grundlage für den konstruktiven Entwurf bilden die auftretenden Betriebshöchstkräfte. Ihre Ermittlung muß allen anderen Arbeiten vorangehen (*1*).

Nach Festlegung der Allgemeinform des Pleuels, die wiederum von der Bauart des Motors (ob Einreihenmotor, V-Motor, W-Motor, Sternmotor usw.) wesentlich abhängt, kann dann zu Festigkeitsrechnung und Bemessung geschritten werden.

Die Kräfte am Kolben werden bei allen Pleuelbauarten durch geschlossene annähernd ringförmige Augen abgenommen. Zur Überleitung der Kräfte auf die Kurbelwelle werden sowohl Pleuel mit geschlossenen (ungeteilten) als auch mit offenen (geteilten) Kurbelköpfen angewandt. Die Wahl des offenen oder geschlossenen Kopfes hängt davon ab, ob es jeweils günstiger ist, die Kurbelwelle zu teilen oder den Pleuelkopf zu teilen.

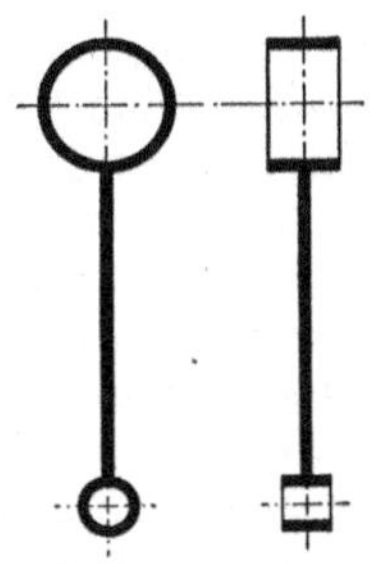

Abb. 31. Schematische Darstellung eines Einfachpleuels.

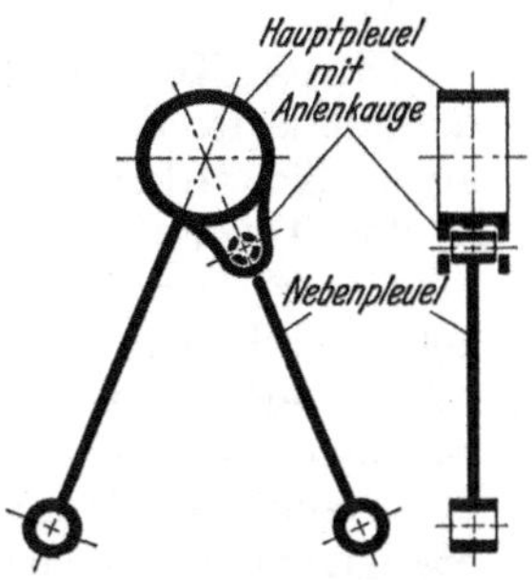

Abb. 32. Schematische Darstellung der Verbindung zwischen Haupt- und Nebenpleuel durch Anlenkauge (V-Bauart).

Abgesehen von diesen Möglichkeiten unterscheidet man folgende Grundformen von Pleueln, auf die der geteilte und ungeteilte Kopf angewandt werden kann:

1. Das Einfachpleuel für Einzylindermotoren und für Einreihenmotoren. Für V- und W-Motoren, wobei die Pleuel dann nebeneinander auf den Kurbelzapfen angeordnet sind. Den typischen Vertreter eines Einfachpleuels mit geschlossenem Kopf zeigt Abb. 31.

2. *Das Hauptpleuel mit Anlenkaugen* (Abb. 32) für Mehrreihenmotoren (V-, W- und Sternbauarten). Das Nebenpleuel (mit zwei ungeteilten Augen) ist mit einem Anlenkbolzen an ein oder zwei am Hauptpleuelkurbelkopf angebrachten Augen angelenkt. Bei einem Anlenkauge wird das Nebenpleuel als Gabelpleuel ausgebildet.

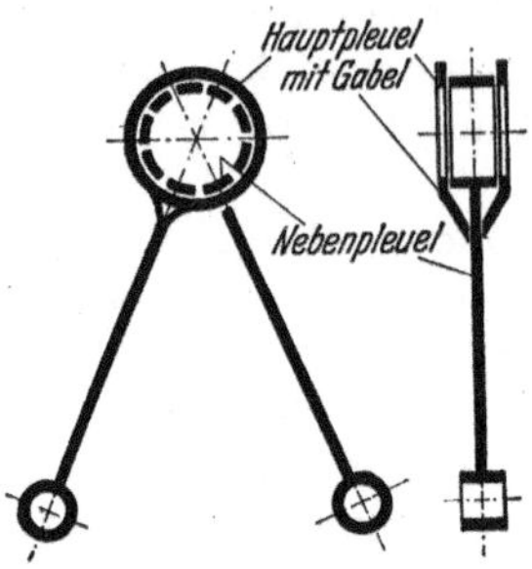

Abb. 33. Schematische Darstellung der Verbindung von Haupt- und Nebenpleuel durch das in das Haupt-Gabelpleuel eingreifende Nebenpleuel.

3. *Das Hauptpleuel als Gabelpleuel* (Abb. 33). Das Nebenpleuel greift hierbei in die Hauptpleuelgabel auf das gleiche Kurbelzapfenlager hinein.

B. Kräfte, Lastverteilung und Spannungen.

Die in Pleuelstangen auftretenden Kräfte sind zu unterscheiden nach

1. Gaskräften,
2. Massenkräften,
3. Reibungskräften.

Die Größe dieser Einzelkräfte ändert sich mit der Bauart, Leistung und Drehzahl des Motors (vgl. auch Abb. 1). Bei den heute üblichen Drehzahlen im Verbrennungsmotorenbau sind die Gaskräfte meist wesentlich mehr an der Beanspruchung der Pleuelstangen beteiligt als die Massenkräfte. Besonders groß ist das Verhältnis Gas- : Massenkraft beim Dieselmotor. Mit steigenden Drehzahlen ändert sich das Verhältnis schnell, da die Massenkräfte mit dem Quadrat der Drehzahl wachsen. Bei ausgesprochenen Schnelläufern z. B. $n \gtrsim 5000$/min überwiegen dann die Massenkräfte.

Die für die Stangenbeanspruchung maßgebenden *Gaskräfte* ergeben sich aus den maximalen Gasdrücken auf den Kolben. Die maximalen Kolbendrücke können zerlegt werden in eine Kraft in Richtung der Stangenachse und eine Kraft senkrecht zur Kolbengleitbahn. Für das normale Schubstangenverhältnis kann zur Stangenberechnung die Teilkraft senkrecht zur Gleitbahn meist vernachlässigt werden, so daß die Stangenkraft gleich der Kolbenkraft wird.

Für die Ermittlung der *Massenkräfte* gibt H. Meyer (*10*) eine übersichtliche Darstellung, nach der er unterscheidet nach inneren und äußeren Massenkräften.

Die am Kolbenbolzenauge angreifenden *äußeren Massenkräfte* ergeben sich aus der Masse des Kolbens einschließlich Kolbenbolzen, Kolbenringe und halbes Pleuelauge. Sie wirken in Richtung der Stangenachse. Ihre Höchstwerte erreichen sie in den Totpunktlagen, d. h. bei einem Kurbelwinkel $\varphi = 0^0$ und $\varphi = 180^0$.

Unter *inneren Massenkräften* sind die aus der Stangenmasse selbst sich ergebenden Kräfte in Richtung und quer zur Stangenachse zu verstehen. Die inneren Längskräfte sind zusammen mit den Gas- und übrigen Druckmassenkräften zur Bemessung der Kurbelzapfenlager heranzuziehen, während sie für die Bemessung des Stangenschaftes keine Bedeutung haben. Die infolge Querbeschleunigung der Stangenmasse in der Schwingebene auftretenden Kräfte ergeben eine Biegebeanspruchung im Stangenschaft, die aber infolge ihrer geringen Größe meist für die Stangenberechnung vernachlässigt werden kann.

Auch die in den Lagerstellen entstehenden *Reibungskräfte*, die in der Regel größer sind als die Quermassenkräfte, können für die Stangenberechnung vernachlässigt werden.

Bei angelenkten Pleueln von V- und Stern-Motorenbauarten treten zusätzlich auf die Hauptpleuelstangen seitliche Kräfte auf, die dadurch entstehen, daß die Kräfte der Nebenstange nicht in jedem Augenblick durch die Kurbelzapfenmitte gehen[1]. Die Hauptstange wird dadurch auf Biegung beansprucht; die durch die Seitenkräfte entstehenden Reaktionskräfte an den Hauptstangenenden werden am Kurbelzapfen als zusätzlicher Lagerdruck und im Zylinder als zusätzlicher Gleitbahndruck aufgenommen. Die im Hauptpleuel des Pleuelsterns eines 9-Zylinder-Sternmotors (Abb. 34) in einer bestimmten Kurbelstellung auftretenden Kräfte (aus Eigenkräften und Anlenkkräften zusammengesetzt) sind in Abb. 35 schematisch dargestellt. Die Bemessung der Hauptstange erfolgt dann unter Berücksichtigung der für eine bestimmte Kurbelstellung sich ergebenden maximalen resultierenden Biegekräfte.

Zusätzliche Biegekräfte in Pleuelstangen, wie sie z. B. durch Montage- oder Maßungenauigkeiten in den Lagerungen oder durch die Gesamtverformung des Kurbelgehäuses, der Kurbelwelle, Zylinder und Zylinderköpfe auftreten können, kann man selbstverständlich in der Rechnung nicht oder nur schätzungsweise berücksichtigen.

Abb. 34. Pleuelstern eines 9-Zylinder-Stern-Flugmotors.

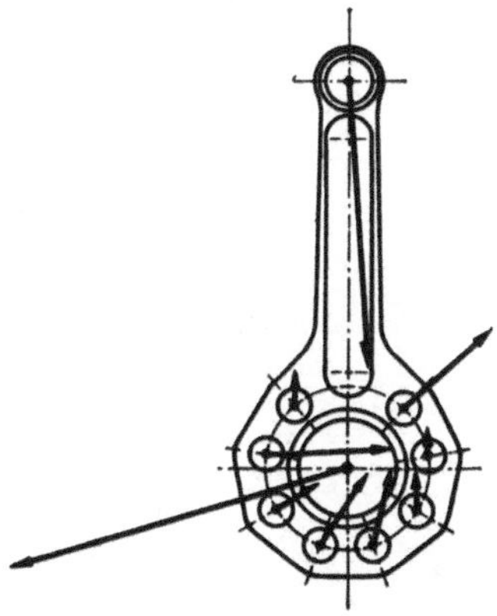

Abb. 35. An der Hauptpleuelstange eines 9-Zylinder-Stern-Flugmotors in einer bestimmten Kurbelstellung wirkenden Betriebskräfte (schematisch)

1. Der Pleuelstangenschaft.

Der Pleuelstangenschaft wird in der Hauptsache wechselnd auf Zug und Druck beansprucht, wobei für den Fall des normalen Verbrennungsmotors die Gaskräfte die Hauptrolle spielen, die Druckkräfte also die Zugkräfte meist überwiegen.

Die resultierenden Betriebskräfte setzen sich zusammen aus:

1. der Höchstgaskraft P_G, die die Stange auf Druck beansprucht;

2. den äußeren Massenkräften: P_{K_1} als Zugkraft für den Kurbelwinkel $\varphi = 0$ (oberer Totpunkt) und P_{K_2} als Druckkraft für den Kurbelwinkel $\varphi = 180^0$ (unterer Totpunkt).

Aus folgenden Gleichungen lassen sich die Betriebskräfte ermitteln (*10*):

$$P_G = p_{\max} \cdot F \text{ [Druck]}, \tag{1}$$

$$P_{K_1} = M_K \cdot r \left(\frac{\pi n}{30}\right)^2 (1 + \lambda) \text{ [Zug]}, \tag{2}$$

$$P_{K_2} = M_K \cdot r \left(\frac{\pi n}{30}\right)^2 (1 - \lambda) \text{ [Druck]}. \tag{3}$$

[1] Eine Ausnahme bilden solche V-Motoren, bei denen die Nebenpleuel nicht an die Hauptpleuelstange angelenkt (Abb. 32), sondern wie in Abb. 33 zusammen mit der Hauptstange direkt oder indirekt auf den Kurbelzapfen gelagert sind.

Hier bedeuten:

p_{max} = größter Zünddruck
F = Kolbenfläche
M_K = Masse des Kolbens + Kolbenringe + Kolbenbolzen + Kolbenbolzensicherung + halbes Pleuelauge
r = Kurbelradius
n = Drehzahl

$$\lambda = r/l = \frac{\text{Kurbelradius}}{\text{Mittenabstand Kurbelzapfenbohrung — Kolbenbolzenbohrung}} = \left\{ \begin{array}{l}\text{Schubstangen-}\\ \text{verhältnis.}\end{array}\right.$$

Für den Normalfall ergeben die Betriebskräfte dann rechnerisch eine Druckkraft als Mittellast, die von einer gleich großen Zug- und Druckkraft als Wechsellast überlagert wird. Für diese Kräfte wird der Stangenschaft nach Auswahl des geeigneten Werkstoffes auf Grund der zulässigen Zug-Druck-Dauerfestigkeit des Werkstoffes bemessen. Soweit diese nicht bekannt ist, kann sie aus dem Biegedauerfestigkeitsschaubild für den glatten Stab mit ~ 0,7 × Biegewechselfestigkeit bei Stahl errechnet werden. Man wählt dann die Abmessungen des glatten Schaftquerschnitts so, daß die Betriebs-Zug-Druck-Spannung mit genügender Sicherheit bei Dauerleistung des Motors unterhalb der Werkstoffdauerfestigkeit liegt. In Abb. 36 wird als Beispiel die Lage der Wechselspannungen für die Nennleistungsbelastung eines Flugmotorenpleuels aus einem Cr-Mo-V-Vergütungsstahl mit 100 ··· 110 kg/mm² Zugfestigkeit angegeben. Mit Rücksicht darauf, daß es beim Flugmotor mehr als bei anderen Motorenbauarten auf äußerste Gewichtsersparnis ankommt, ist das Pleuel mit seinen Schaftabmessungen sehr knapp ausgelegt. Im allgemeinen bleibt man mit den zulässigen Wechselspannungen etwas weiter unterhalb der unteren Streugrenze des Dauerfestigkeitsschaubildes.

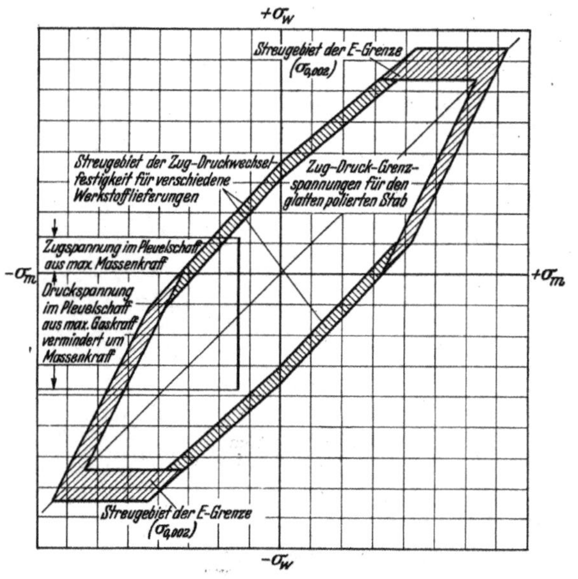

Abb. 36. Lage der Zug-Druck-Wechsel-Spannung im Dauerfestigkeitsschaubild am Schaft eines Flugmotorenpleuels bei Nennleistung.

Wenn man wie im vorliegenden Fall den Werkstoff so weitgehend ausnutzen will, muß man auch die mögliche Schädigung des Werkstoffs durch außergewöhnliche Laststeigerung (z. B. Startleistung beim Flugmotor, Anfahren an starken Steigungen beim Fahrzeugmotor usw.) und deren voraussichtliche Häufigkeit des Auftretens berücksichtigen und dazu das Verhalten des gewählten Werkstoffs bei solchen Beanspruchungsarten kennen.

Als Beispiel ist in Abb. 37 die Wöhlerkurve mit dem Schädigungsbereich eines für Flugmotorenpleuel früher üblichen Cr-Mo-V-Stahles wiedergegeben.

(Es ist hier zu beachten, daß das Schaubild für Biegebeanspruchung gilt.)

Bezüglich näherer Einzelheiten über Werkstoffschädigung, Zeit und Dauerfestigkeit muß auf das Schrifttum verwiesen werden (*11*, *12*, *13*).

Voraussetzung für die Auslegung der Abmessungen wechselbeanspruchter Bauteile nach solchen Gesichtspunkten ist selbstverständlich, daß die Dauerfestigkeitsschaubilder in ihrem Streubereich mit Berücksichtigung der herstellungstechnisch möglichen Fehlerfreiheit der Werkstoffe ermittelt sind, und später eine einwandfreie Eingangsprüfung im Motorenwerk gesichert ist.

Zu beachten ist noch, daß die für Werkstoffe angegebenen Dauerfestigkeitswerte stets an glatten polierten Probestäben ermittelt werden. Für die bruchsichere Auslegung des Pleuelschafts muß dies berücksichtigt und gegebenenfalls die Dauerfestigkeitsminderung durch Schmiedehaut oder mechanische Bearbeitung usw. an der Oberfläche mit in Rechnung gesetzt werden. Auf den Oberflächeneinfluß der Behandlungsverfahren wird noch im Abschnitt D näher eingegangen.

Für die Haltbarkeit des Stangenschaftes der Verbrennungsmotorenpleuel ist im allgemeinen eine Rechnung auf Knickbeanspruchung nicht erforderlich. Man prüft gegebenenfalls die Notwendigkeit nur kurz dadurch, daß man den Schlankheitsgrad l/i ermittelt, wobei l wiederum die Stangenlänge zwischen den Augen-

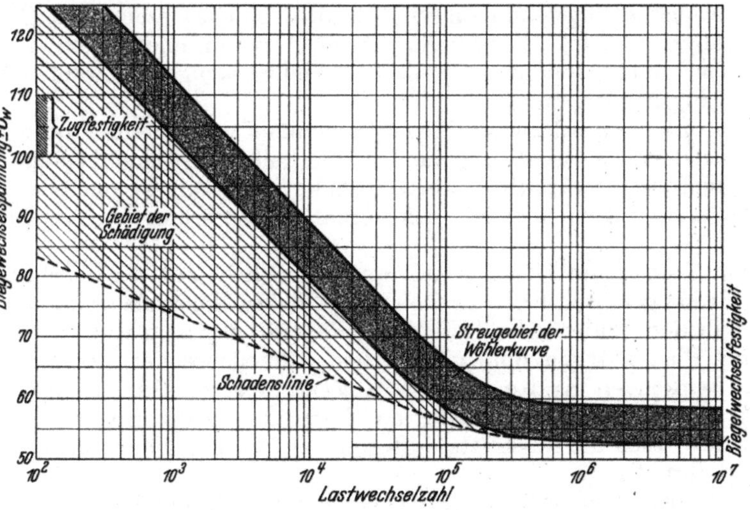

Abb. 37. Wöhlerkurven und Schadenslinien für Biegewechselfestigkeit eines Cr-Mo-V-Stahles.

mitten der beiden Stangenenden und i den Trägheitsradius bedeutet. Der Trägheitsradius $i = \sqrt{J/F}$ ergibt sich aus dem Trägheitsmoment J und dem mittleren Stangenquerschnitt F. Bei Schlankheitsgraden $\leqq 60$ ist die Stange nur auf Druck zu rechnen. Bei größeren Schlankheitsgraden ist die Stange nach Euler oder Tetmajer auf Knickung nachzuprüfen (s. Handbücher).

Wie bereits erwähnt, ist eine Nachrechnung des Pleuelschaftes auf Biegung in den allermeisten Fällen nicht notwendig. Der Konstrukteur weiß aber meist aus Erfahrung, ob eine rechnerische Überprüfung durchgeführt werden muß[1]. Die Hauptarbeit hierfür besteht in der Ermittlung der in der Schwingrichtung wirkenden Massenkräfte des Pleuelschaftes. Da die rechnerische Ermittlung zu langwierig ist, benutzt man meist eine graphische Methode (*1*). Die maximalen Massenbeschleunigungskräfte ergeben sich dann aus der Massenverteilungskurve

[1] Bei der Durchführung der Rechnung ist zu beachten, daß die Bemessung des Stangenquerschnitts auf Grund der Biegung getrennt von der aus der Spannungsermittlung bei Zugdruck erfolgten Gestaltung geschieht, da höchste Biegebeanspruchung nie zeitlich mit der höchsten Zugdruckbelastung zusammenfällt.

für den Kurbelwinkel $\varphi = 90^0$. Bezüglich Ermittlung des Biegemomentes bzw. der Biegespannung sei auf die Handbücher verwiesen.

2. Die Pleuelstangenköpfe und -augen.

Bei der Berechnung und Gestaltung der Pleuelstangenköpfe treten Schwierigkeiten besonders dadurch auf, daß die rechnerischen Verfahren bis jetzt nur Näherungsverfahren sind und die Auslegung nach Gesichtspunkten dauerbruchsicherer Leichtbauweise nur nach eingehenden Dehnungs- bzw. Spannungsmessungen und Durchführung von Dauerversuchen mit fertigen Pleuelstangen möglich ist.

Die Konstruktion der Pleuelstangenköpfe erfolgt daher meist unter weitgehender Anlehnung an Ausführungen gleicher oder ähnlicher Motorenmuster, die dann durch die Rechnung ergänzt wird.

Der Hauptpleuelstangenkopf des Flugzeug-Sternmotors mit seiner verwickelten Bauform (Abb. 34) den zahlreichen Bohrungen und Querschnittsveränderungen ist z. B. der Rechnung kaum zugänglich. Der Konstrukteur ist hier vollkommen auf ähnliche Ausführungen und auf seine Erfahrung angewiesen. Eine Überprüfung der Spannungsverteilung ist hier nur durch Dehnungsmessungen an einzelnen Punkten oder durch spannungsoptische Modellmessungen, worauf später noch kurz eingegangen wird, möglich.

Trotzdem ist der geschlossene Pleuelstangenkopf dem geteilten oder gegabelten Kopf vorzuziehen, da bei diesen die Unsicherheiten an den Verbindungsstellen, an den Pleuelstangenschrauben, durch Reibkorrosion an Trennstellen usw. sehr groß sind. Wenn irgend möglich, soll deshalb der geschlossene Kopf angewandt werden.

Auf der Kolbenseite ist dies fast immer möglich, auf der Kurbelzapfenseite dagegen nur bei geteilten Kurbelwellen. Angelenkte Nebenpleuel können ebenfalls immer an beiden Enden geschlossene Köpfe und Augen tragen.

Die auf Pleuelstangenköpfe und -augen schnellaufender Verbrennungskraftmaschinen wirkenden Kräfte sind am *Kolbenbolzenauge* Druckkräfte (= höchste Gaskraft) und Kolbenmassenkräfte als Zugkräfte. Bruchgefährdung im Auge kann fast nur durch die Zugkräfte auftreten. Seine Berechnung erfolgt daher mit Hilfe der Kraft P_{K_1}.

Für die Berechnung des *Kurbelzapfenkopfes* ist wiederum die Zugbeanspruchung maßgebend. Ihre Größe ist zu berechnen aus der größten Massenkraft des Kolbens P_{K_1} [Gleichung (2)] + der größten Massenkraft P_{st} der Stange im oberen Totpunkt ($\varphi = 0$).

$$P_{st} = M_{st}\left(\frac{\pi n}{30}\right)^2 [r + (1 + \lambda) - \lambda^2 \cdot s_1]. \qquad (4)$$

Hier bedeuten:

M_{st} = Masse der Pleuelstange
s_1 = Schwerpunktsabstand der Stange vom Kolbenbolzen.

a) Der geschlossene Stangenkopf. Im Schrifttum bestehen zahlreiche Angaben über die Berechnung und Gestaltung geschlossener Stangenköpfe, von denen nur wenige für den praktischen Motorenbau brauchbar sind. Die wirklichen Beanspruchungsverhältnisse zu erfassen, ist auch vorerst unmöglich, da in die Rechnung Einflüsse der Werkstoffoberfläche, der genauen Verformungsverhältnisse des Kopfes, der örtlichen Spannungsverteilung nur sehr schwer einzubeziehen sind.

Für die Festigkeitsrechnung kann das geschlossene Pleuelstangenauge als statisch unbestimmter Ring angesehen werden, der durch die Kraft P (als

Flächendruck) von innen belastet wird (Abb. 38). Die vom Bolzen auf das Auge übertragene Kraft gibt je nach dem Lagerspiel dem Auge eine Ovalverformung, so daß die Augenwand sich teilweise als Band um den Bolzen herumzulegen versucht. Die Augenwand wird dabei als gekrümmter Träger auf Biegung beansprucht, wobei die höchste Beanspruchung im Querschnitt *0—0* (Abb. 38) auftritt. Dieser Hauptquerschnitt wird außer durch das Biegemoment M_0 durch die Normalkraft $P/2$ zusätzlich beansprucht. Dieser am höchsten beanspruchte Querschnitt liegt nicht immer, wie in Abb. 38, im Querschnitt der senkrecht zur Stangenachse stehenden Mittellinie, sondern je nach Bolzenspiel und Schaftübergang um einen kleinen Winkel aus dieser Mittellinie verlagert.

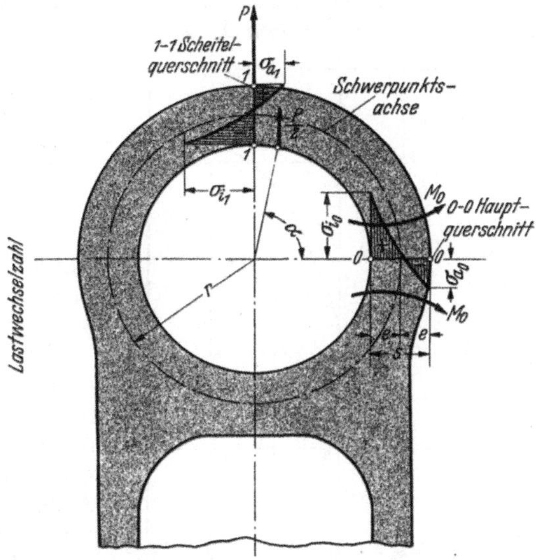

Abb. 38. Spannungsverteilung in einem geschlossenen Pleuelstangenauge.

Aus der Gleichung des statisch unbestimmten krummen Stabes ergeben sich für den Querschnitt *0—0* folgende Randspannungen (*14, 15, 16*).

An der Außenfaser:

$$\sigma_{a_0} = \frac{P}{2} \cdot \frac{1}{s \cdot b} - \frac{M_0}{r \cdot s \cdot b} - \frac{M_0}{\varkappa \cdot b \cdot s \cdot r} \cdot \frac{e}{r + e}. \tag{5}$$

An der Innenfaser:

$$\sigma_{i_0} = \frac{P}{2} \cdot \frac{1}{s \cdot b} - \frac{M_0}{r \cdot s \cdot b} + \frac{M_0}{\varkappa \cdot b \cdot s \cdot r} \cdot \frac{e}{r - e}. \tag{6}$$

Es bedeuten:

s = Augenwandstärke; b = Breite des Auges.
r siehe Abb. 38
e = Abstand der Randfaser von der Schwerpunktsachse
$\varkappa$ siehe Gleichung (10).

Das statisch unbestimmte Moment M_0 ergibt sich dann zu:

$$M_0 = \frac{P \cdot r}{\pi}\left[\frac{\pi}{2} - \sin\alpha - \cos\alpha\left(\frac{\pi}{2} - \alpha\right)\right]. \tag{7}$$

Zwecks Vereinfachung soll gesetzt werden:

$$c = 1/\pi\,[\pi/2 - \sin\alpha - \cos\alpha\,(\pi/2 - \alpha)], \tag{8}$$

dann ergibt sich:

$$M_0 = c \cdot P \cdot r. \tag{9}$$

In Gleichung (5) und (6) ist der Faktor c einzusetzen mit (7):

$$\varkappa = -1 + \frac{r}{s} \ln \frac{2r + s}{2r - s}. \tag{10}$$

In der Momentengleichung (7) bzw. (9) ist der Winkel α bzw. Faktor $\varkappa$ unbekannt. Diese werden bestimmt vom Angriffspunkt der Kraft $P/2$ an der Innenfläche des Auges, d. h. also von der Form des Auges und dem Bolzenspiel. Der Winkel α kann genau nur versuchsmäßig ermittelt werden. Er liegt gewöhnlich zwischen 65° und 85°. Aus Abb. 39 können für die Winkel 60···90° die c-Werte entnommen werden.

Die im Querschnitt *0—0* auftretenden maximalen Randspannungen sind außen Druck- (σ_{a_0}) und innen Zugspannungen (σ_{i_0}). Im Scheitelquerschnitt *1—1* sind die Spannungen infolge der umgekehrten Biegung der Augenwand außen Zug- (σ_{a_1}) und innen Druckspannungen (σ_{i_1}).

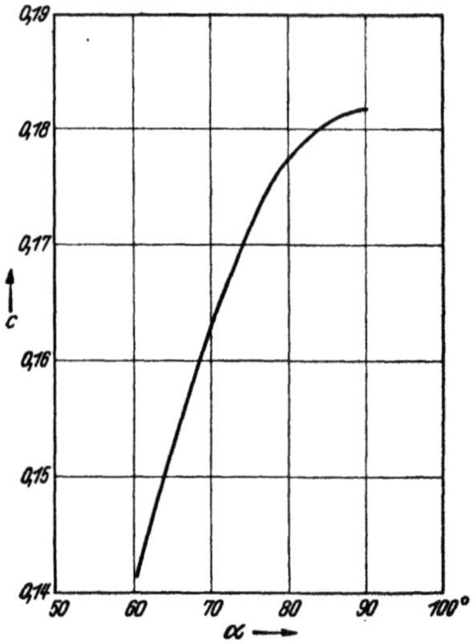

Abb. 39. c-Werte für Gleichung (9) in Abhängigkeit vom Winkel α.

Sie lassen sich aus den folgenden Gleichungen errechnen:

$$\sigma_{a_1} = -\frac{M_1}{r \cdot b \cdot s} - \frac{M_1}{\varkappa \cdot b \cdot s \cdot r} \cdot \frac{e}{r+e}, \qquad (11)$$

$$\sigma_{i_1} = -\frac{M_1}{r \cdot b \cdot s} + \frac{M_1}{\varkappa \cdot b \cdot s \cdot r} \cdot \frac{e}{r-e}. \qquad (12)$$

Das statisch unbestimmte Moment M_1 im Querschnitt *1—1* ist zu ermitteln aus:

$$M_1 = -P/2 \cdot r \cdot (1 - \cos\alpha) + M_0. \qquad (13)$$

Die mit diesen Formeln (5)···(13) ermittelten maximalen Randspannungen im Auge dürfen keinesfalls so dicht an der Zug-Druck-Dauerfestigkeit des Stangenwerkstoffes liegen wie beim Pleuelschaft, da im Auge infolge der Verformungsart des Auges und des Bolzens zusätzliche die Dauerfestigkeit des Werkstoffs mindernde Einflüsse auftreten[1]. Auch sind Störungen des Spannungsverlaufs durch Ölbohrungen u. dgl. in der Augenwand zu berücksichtigen. Sie dürfen keinesfalls in den Hauptquerschnitt *0—0* gelegt werden. Zweckmäßig legt man sie im Winkel von 45° zur Querschnittsachse *0—0* nach der Seite zum Scheitelquerschnitt hin, also möglichst in den Momentennullpunkt.

Durch eine Scheitelüberhöhung im Querschnitt *1—1* kann die innere Randspannung zwar verringert werden (*17*); dies ist aber nur bei Augen mit an sich bereits großer Wandstärke angebracht. Für die Pleuelaugen der hier in Frage stehenden Verbrennungsmotoren (Automobil- und Flugmotoren) ist die Verstärkung der gesamten Augenwandstärke zu empfehlen, soweit dies aus baulichen und Gewichtsgründen zulässig ist.

In vielen Fällen empfiehlt es sich, nach der Berechnung und Gestaltung der Pleuel Kontrollmessungen der auftretenden Spannungen in Form von Dehnungsmessungen mit Feindehnungsmeßgeräten (*18*, *19*) durchzuführen. Man kann hierbei mit genügender Genauigkeit nach einem von Rötscher (*20*) angegebenen Stiftmeßverfahren die Spannung σ_a messen und daraus σ_i ermitteln (*21*).

Die größte Bedeutung für die Spannungsverteilung in den Augenquerschnitten besitzt das Lagerspiel. Je größer dieses wird, um so mehr kann sich das Pleuelauge oval verformen und um so größer werden die Randzugspannungen. Möglichst kleines Bolzenspiel ist daher anzustreben. Bei kleiner werdendem Bolzenspiel nähert sich die Biegebeanspruchung der Augenwand immer mehr reinem Zug.

Wo es auf äußerste Ausnutzung des Werkstoffes ankommt — und das sollte Grundsatz bei jeder Gestaltung sein —, genügen diese Messungen noch nicht zur bruchsicheren Auslegung der Pleuelaugen. Es sind dann noch Dauerversuche auf Prüfmaschinen notwendig, die die Betriebsverhältnisse im Motor weitgehend nachzuahmen gestatten. Durch diese Versuche lassen sich die Einflüsse des

[1] Hierauf wird im Abschnitt D näher eingegangen.

Lagerspieles, der Oberflächen- und sonstigen Werkstoffbeschaffenheit, Reibkorrosion usw. feststellen.

b) Der geteilte Stangenkopf. Aus Gründen besserer Haltbarkeit wählt man, soweit dies die allgemeine Bauweise des Motors zuläßt, weitmöglichst ungeteilte Stangenköpfe. Denn beim geteilten Kopf treten weit mehr Betriebsunsicherheiten durch Flächenreibung, Lockerungsgefahr an Verbindungsstellen u. dgl. auf.

Beim geteilten Pleuelkopf, wie er in seiner allgemeinen Form schematisch in Abb. 40 und 41 dargestellt ist, wird die Teilung gewöhnlich in die Lagermittellinie senkrecht zur Stangenachse gelegt.

Der Deckel des geteilten Kopfes kann in genügender Annäherung auf Biegung berechnet werden. Die maximale Biegespannung im Scheitelquerschnitt *1—1* wird üblicherweise gerechnet nach:

$$\sigma_{1-1} = M_{1-1}/W_1 \quad (W_1 = \text{Widerstandsmoment im Querschnitt } 1\text{—}1) \qquad (14)$$

$$M_{1-1} = P/2\,(l/2 - l_1/4), \qquad (15)$$

wobei die aus Betriebskraft P (beim Kurbelzapfenkopf = Massenkraft aus Stange + Kolben) sich ergebende Flächenkraft p im Abstand $l_1/4$ von der Mitte mit $P/2$ angenommen wird.

Das zu diesem Deckel zugehörige *Stangenteil in Abb. 41* ist in den Querschnitten im Übergang vom Schaft zum Schraubenteil auf Biegung beansprucht. Das hier auf einen beliebigen Querschnitt *2—2* wirkende Kräftepaar $P/2 \cdot l_2$ beansprucht diesen auf Biegung. Eine Normalspannung durch die Komponente P_N und eine Schubspannung durch die Komponente P_T können beide vernachlässigt werden, da sie im Verhältnis zur Biegespannung

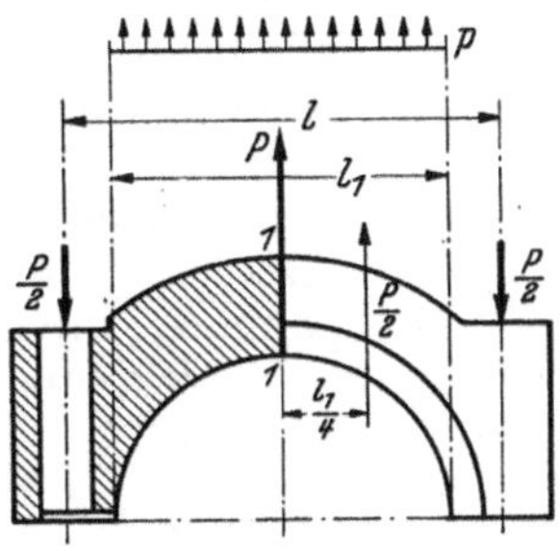

Abb. 40. Deckel eines geteilten Pleuelstangenkopfes mit wirkenden Kräften.

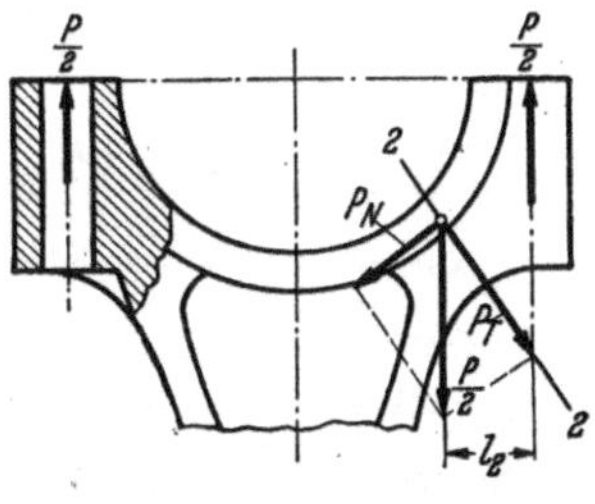

Abb. 41. Stangenteil eines geteilten Pleuelstangenkopfes (zum Deckel Abb. 10).

$$\sigma_b = \frac{M_2}{W_2} = \frac{P \cdot l_2}{2 \cdot W_2} \qquad (16)$$

klein sind.

Auch hier müssen wieder diese durch Annäherungsrechnung ermittelten Spannungen durch spätere Kontrollmessungen ergänzt werden, soweit es nicht möglich ist, diese Rechnung durch Anwendung von Formziffern (*22, 23*) genauer zu gestalten. Dazu ist es aber notwendig, für immer wiederkehrende Übergangsformen solche Formziffern zu ermitteln. Auch bezüglich Reibkorrosion gilt hier das gleiche wie bereits für den geschlossenen Kopf.

Die bruchsichere Gestaltung der *Pleuelschrauben* bietet häufig besondere Schwierigkeiten, da sie im Betrieb nicht nur reinen Zugkräften ruhender und wechselnder Art, sondern je nach Anordnung und nach Verformung des Pleuelkopfes mehr oder weniger stark zusätzlichen wechselnden Biegekräften unterworfen sind. Um diese Verformungen des Kopfes klein zu halten, muß der Deckel möglichst starr ausgeführt werden. Die Schrauben sind so dicht wie irgend möglich an die Lagermitte heranzulegen. Sie werden zweckmäßig als Paßschrauben so ausgebildet, daß mit ihnen eine sichere Verspannung der beiden Kopfhälften erzielt wird, daß aber auch zusätzliche Biege- und Stoßkräfte gut aufgenommen werden können.

Für derartige Beanspruchungen werden am besten sog. „Dehnschrauben" verwandt. Über die Berechnung wechselnd beanspruchter Schrauben, zweckmäßige Werkstoffwahl, richtige Gestaltung von Bolzen und Mutter, ebenso über die zweckmäßigste Gewindeherstellung muß auf das Schrifttum verwiesen werden (*24, 25*).

Die Anzahl der Schrauben wird von der sonstigen Gestaltung des Pleuelkopfes bedingt. Ebenso wird die Frage, ob Durchsteckschraube oder Stiftschraube oder angeschmiedete Schraube durch die Motorbauart und -leistung bzw. die sonstige Gestaltung der Pleuelstange beantwortet.

c) Der gegabelte Stangenkopf. Der gegabelte Kopf ist eine Ausführungsform des kurbelseitigen Kopfes von Pleuelstangen, der bei V- und Sternmotoren angewandt wird, wenn man die Anlenkung des einen Pleuels an das Hauptpleuel vermeiden will.

Die Berechnung der Gabelaugen, ob geteilt oder ungeteilt, erfolgt gemäß Abschnitt B 2b bzw. B 2a.

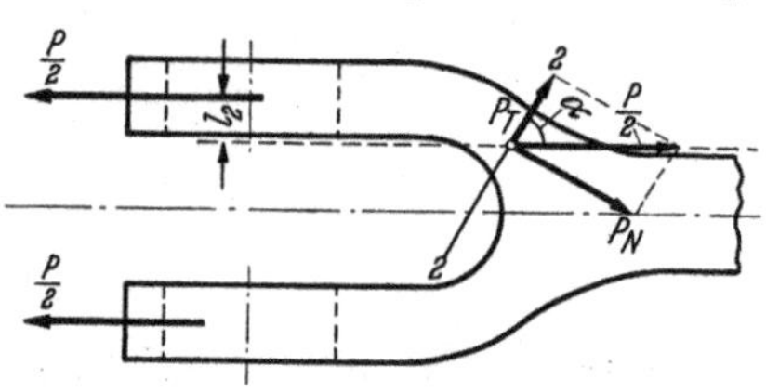

Abb. 42. Kräfte am Gabelpleuel.

Die Gabel selbst wird infolge der Massenkräfte (aus Stange + Kolben) und durch den maximalen Gasdruck in umgekehrter Richtung wechselnd auf Biegung beansprucht (Abb. 42).

Die Spannungen in Querschnitt *2—2* z. B. setzen sich zusammen aus der Normalspannung infolge der Kraft $P_N = P \cdot \sin\alpha$ und einer Schubspannung infolge der Kraftkomponente P_T, die für die Rechnung vernachlässigbar ist.

Die Biegespannung infolge des Kräftepaares $\frac{P \cdot l_2}{2}$:

$$\sigma_B = \frac{P \cdot l_2}{2W} \tag{17}$$

und die Normalspannung

$$\sigma_Z = \frac{P \cdot \sin\alpha}{2 \cdot F} \tag{18}$$

werden zu einer resultierenden Spannung zusammengefaßt. Die in gleicher Weise aus der größten Gaskraft — nur in entgegengesetzter Richtung wirkend — sich ergebenden Biege- und Zugspannungen sind ebenfalls zu einer resultierenden zu vereinigen.

Die Querschnittsbemessung kann ebenso wie in den vorhergehenden Fällen unter Zugrundelegung dieser Spannung zunächst in großer Annäherung erfolgen. Die genaue Auslegung der Abmessungen muß im einzelnen wiederum nach Durchführung von Feindehnungsmessungen geschehen.

3. Der Übergang vom Stangenschaft zum Stangenkopf bzw. -auge.

Die Erfahrung der Praxis lehrt, daß, abgesehen von den Pleuelstangenschrauben beim geteilten Kopf, der Übergang vom Stangenschaft zum Kopf die gefährdetste Stelle der Pleuelstange ist (*21*). Das ist auch erklärlich, da gerade der Übergang einer genauen Festigkeitsrechnung kaum zugänglich ist. Man ist deshalb hier stets auf gute Vorbilder bzw. auf Messungen angewiesen.

Die konstruktive Formgebung der Pleuelstange und des Überganges vom Schaft zum Kopf kann durch polarisationsoptische Untersuchungen an durchsichtigen Modellkörpern aus Kunstharz erfolgen[1]. Will man die Spannungsverteilung

[1] Vgl. Fußnote 1, S. 81.

quantitativ auswerten, dann ist das Verfahren zwar nur beschränkt anwendbar (für ebene und quasiebene Spannungszustände). Bei der im allgemeinen einfachen Gestalt der Pleuel können diese Messungen aber mit genügender Genauigkeit an geschlossenen Stangenköpfen durchgeführt werden.

Die Abb. 43 zeigt den Kunstharzmodellkörper einer Hauptpleuelstange eines Flugzeug-Sternmotors und die Abb. 44 das im polarisierten Licht gewonnene Bild der Linien gleicher Schubspannung, wie es sich z. B. in einen bestimmten Schnitt in Richtung der Stangenachse durch das Kolbenbolzenauge ergibt.

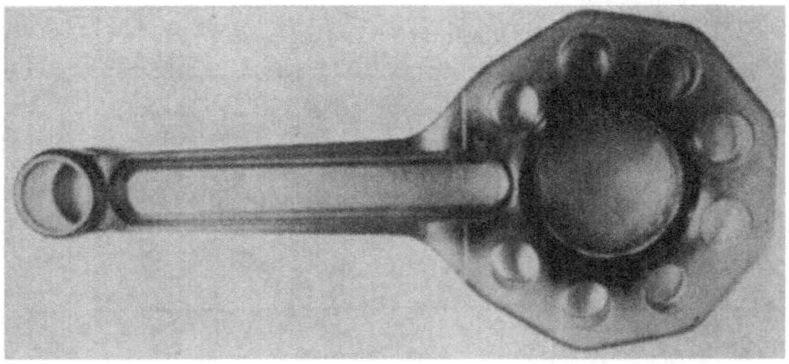

Abb. 43. Modellkörper aus Kunstharz einer Flugmotoren-Hauptpleuelstange für spannungsoptische Untersuchungen.

Da für kräftefreie Berandungen die spannungsoptisch ermittelten Schubspannungslinien auch Linien gleicher Normalspannungen darstellen, läßt sich an den gefährdeten Stellen der Pleuelaugen der Spannungsverlauf und die Größenordnung der Spannungen damit angeben. Die Gestaltung der Stangenaugen kann dann im Vergleich zu den errechneten Randspannungen mit genügender Genauigkeit festgelegt werden.

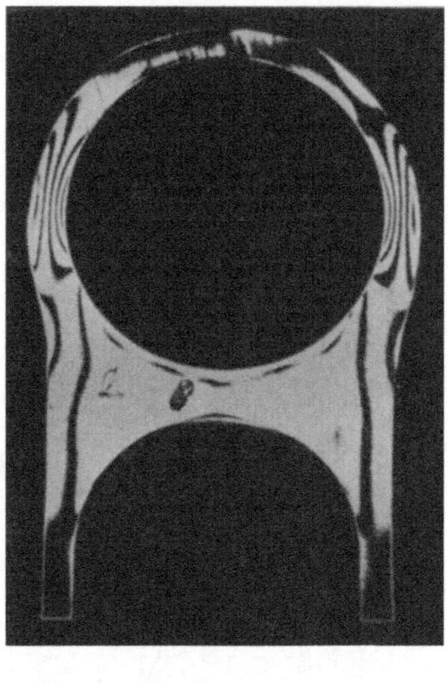

Abb. 44. Polarisationsoptischer Schnitt aus einem Kolbenbolzenauge einer Pleuelstange. Die schwarzen Streifen sind Linien gleicher Schubspannung.

Da die spannungsoptischen Modelluntersuchungen sich verhältnismäßig schnell durchführen lassen, ist es leicht möglich, die verschiedensten Ausführungsformen von Pleuelaugen miteinander zu vergleichen. Einen guten Maßstab und gleichzeitig eine Kontrolle für die nach Gleichung (5) und (6) errechneten Randspannungen ergibt die Gegenüberstellung der aus den rechnerischen Nennspannungen σ_n und den spannungsoptisch festgestellten Spannungsspitzen $\sigma_{\max}$ gefundenen Formziffern $\alpha_K = \sigma_{\max}/\sigma_n$.

In der Zahlentafel 10 sind Formziffern für Pleuel mit geschlossenen Köpfen bei verschiedenen Übergängen vom Schaft zum Kopf wiedergegeben, wie sie aus polarisationsoptischen Messungen bzw. aus Feindehnungsmessungen bei Zugbeanspruchung gewonnen wurden. Die spannungsoptisch bzw. durch Feindehnungsmessungen ermittelten Zahlen ergeben teilweise Unterschiede.

Der Unterschied in den Meßergebnissen weist darauf hin, daß in Zweifelsfällen Ergänzungsmessungen angebracht sind, soweit geeignete Verfahren zur Verfügung stehen. Soweit Feindehnungsmessungen durchführbar sind, sind diese vorzuziehen.

Als beste Form für den Übergang ergab sich das Pleuel *1*, als schlechteste das Pleuel *5*.

In der Abb. 45 sind die aus solchen Feindehnungsmessungen gewonnenen äußeren Randspannungen bei zwei Ausführungsformen an geschlossenen Pleuelköpfen

Zahlentafel 10. **Formziffer für den Hauptquerschnitt** *o—o* (α_{Ko}) **und den Übergang vom Schaft zum Auge** ($\alpha_{K\ddot{u}}$) **verschiedener Pleuelformen bei Zugbelastung.**

Nr.	Pleuelform	Formziffer α_{Ko} auf Hauptquerschnitt *o—o* bezogen: durch Feindehnungsmessung und Rechnung ermittelt	Formziffer α_{Ko} auf Hauptquerschnitt *o—o* bezogen: Spannungsoptisch nach Erstarrungsverfahren	Formziffer $\alpha_{K\ddot{u}}$ auf Schaftquerschnitt *s—s* bezogen: durch Feindehnungsmessung	Formziffer $\alpha_{K\ddot{u}}$ auf Schaftquerschnitt *s—s* bezogen: Spannungsoptisch nach Erstarrungsverfahren
1	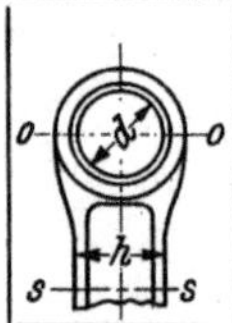	3,2	—	1,3	—
2	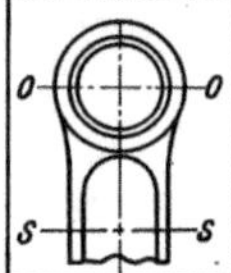	3,9	3,5	2,1	1,3
3	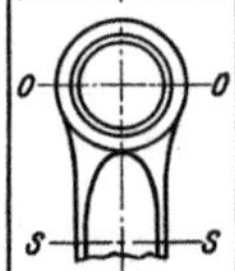	4,3	—	1,9	—
4	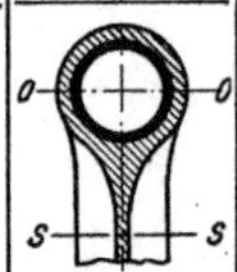	—	3,9	—	2,3
5	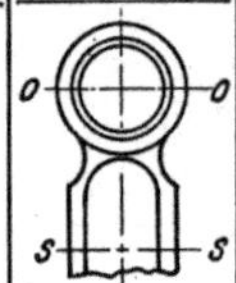	—	—	~ 2,8	—

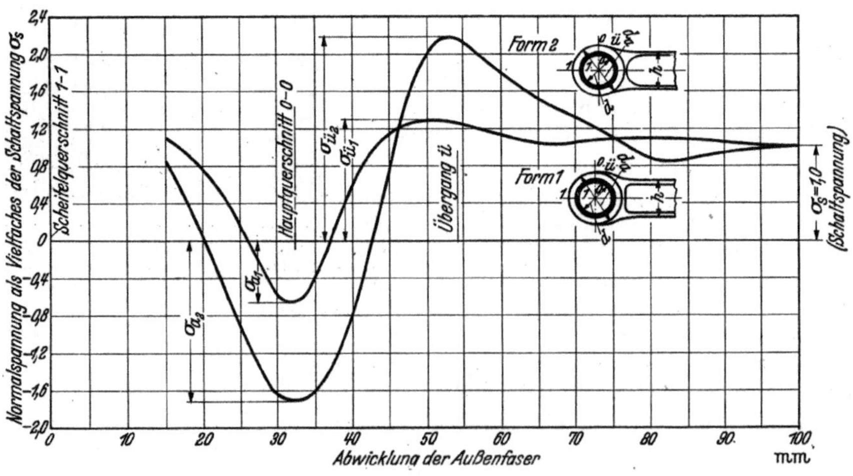

Abb. 45. **Spannungsverteilung bei Zugbelastung über der abgewickelten Außenfaser von zwei Pleuelformen mit verschiedenartigem Schaftübergang zum Auge** (h = 34 mm; d = 34 mm ⌀; d_a = 44 mm ⌀).

für Zugbeanspruchung dargestellt. Bei der Form *2* tritt besonders deutlich die Zugspannungsspitze am Übergang von Schaft zum Kopf und die Druckspannungsspitze im Hauptquerschnitt *0—0* hervor. Der Druckspannung an der Außenfaser entspricht eine Zugspannungsspitze innen. Die Dauerhaltbarkeit der Stange wird demnach entweder durch die Spannungsspitze am Übergang oder im Auge maßgebend beeinflußt. Das Bestreben des Konstrukteurs muß dahin gehen, die Spannungsspitzen herabzusetzen, was mit der Form *1* weitgehend geschehen ist.

Außer der Nachprüfung der Spannungsverteilung auf Zug ist je nach Größe der Kräfte auch eine auf Druck vorzunehmen.

C. Die allgemeine Gestaltung der Pleuelstangen.

Die Allgemeingestaltung der Pleuelstangen kann nur im Rahmen des Gesamtaufbaus des Motors durchgeführt werden. Neben der notwendigen Betriebssicherheit sind gewöhnlich Gesichtspunkte billiger Fertigung ausschlaggebend. Im Interesse der allgemeinen technischen Entwicklung und der mit dieser immer mehr notwendigen sparsamen Verwendung von Werkstoffen muß aber bereits bei den ersten Entwürfen auf leichte Bauweise geachtet werden. Im Flugmotorenbau ist dies immer eine der wichtigsten Grundforderungen. Wenn sie bei anderen Verbrennungsmotoren bisher weniger befolgt wurde, so ist dies in Zukunft auch hier unerläßlich.

Denn gerade durch richtige technische Abstimmung von beanspruchungsgerechter Grundgestaltung, zweckmäßiger und beanspruchungsgerechter Fertigung und bester Werkstoffausnutzung, d. h. also auch Werkstoffersparnis, kann man der gewollten Bestlösung am nächsten kommen, die Leistungsausbeute steigern und damit wirtschaftlich bauen.

Für die Grundgestaltung der Pleuelstange sind im wesentlichen die angrenzenden Bauglieder Kurbelwelle und Kolben maßgebend. Von ihnen und der Bauart des Motors hängt es ab, ob man eine Pleuelstange mit geteiltem oder ungeteiltem Kopf, ob man eine gegabelte Stange wählt, oder ob man besser die Nebenpleuel anlenkt. Hat man sich für eine bestimmte Lösung entschieden, dann gilt es, die Einzelgestaltung nach den in Abschnitt B angegebenen Richtlinien vorzunehmen. Grundforderung ist hierbei, die Gestaltung so zu treffen, daß Spannungsspitzen möglichst vermieden werden und, falls sie nicht zu umgehen sind, so tief zu legen, daß sie der Betriebssicherheit nicht schaden können. Im Zusammenhang damit müssen auch Betriebseinflüsse, wie z. B. Lagerreibung, Sitzreibung usw., berücksichtigt und ihre schädliche Auswirkung durch geeignete Werkstoffwahl, Fertigung und Werkstoffbehandlung ausgeglichen werden.

1. Der Stangenschaft.

Für die Wahl des Stangenschaftquerschnitts sind vor allem Fertigungs- und Gewichtsgründe ausschlaggebend. Der nötige Widerstand gegen mechanische Beanspruchung (Knickung, Biegung, Druck, Zug) ist mit jedem Querschnitt zu erreichen. Der zunächst am zweckmäßigsten und am einfachsten erscheinende rohrförmige Schaft (Abb. 46) ist zwar sowohl in Schwingrichtung als auch senkrecht dazu wegen des gleich großen Trägheitsmomentes beanspruchungsgünstig, hat aber wegen seiner sonstigen Nachteile wenig Anwendung

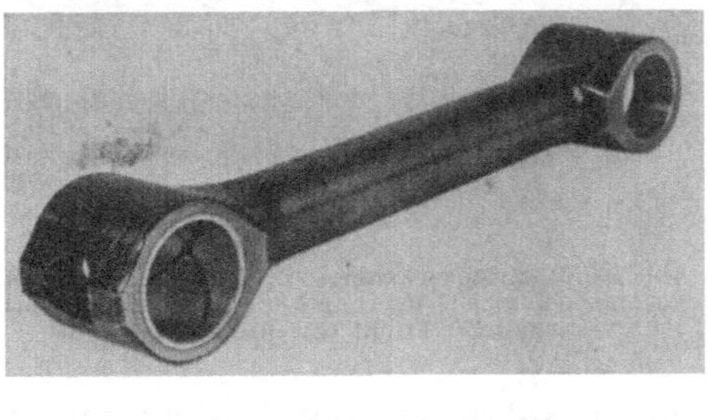

Abb. 46. Pleuelstange mit Rohrquerschnitt.

gefunden. Der Ringquerschnitt ergibt besonders ungünstige Übergangsformen zu den Bolzenaugen, die die Fertigung erschweren. Die gesamte Pleuelstange einschließlich Augen muß in axialer Richtung aus Gewichtsgründen hohlgebohrt werden. Dadurch liegen die Lagerbuchsen gerade an einer hochbelasteten Stelle hohl. Außerdem ergibt die Durchbohrung ungünstige Ecken, die als Kerbstellen den Spannungsverlauf erheblich stören.

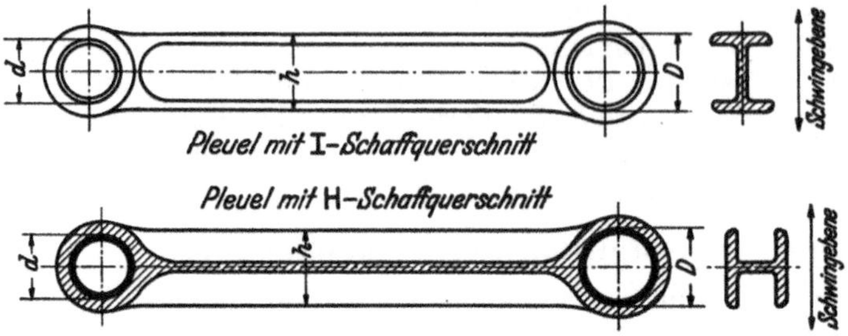

Abb. 47. Flugmotoren-Nebenpleuel mit I- und H-Querschnitt.

Der +-Querschnitt ist wegen seiner leichten Bauweise und schmiedetechnisch einfachen Form im Automobilbau anzutreffen. Er hat aber wegen seiner ungünstigen Übergänge zu den Augen wenig Bedeutung.

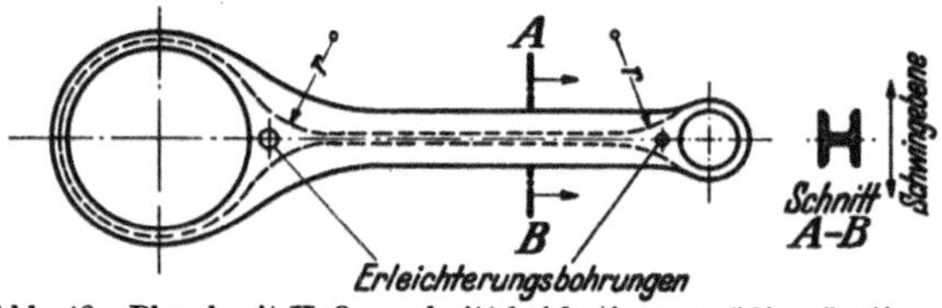

Abb. 48. Pleuel mit H-Querschnitt bei fertigungsmäßig günstigen Übergängen.

Am weitaus häufigsten sind der I- und H-Querschnitt (Abb. 47) anzutreffen. Sie bieten sowohl fertigungstechnisch als auch beanspruchungsmäßig günstige Formen. Obwohl der I-Querschnitt wesentlich mehr Anwendung findet als der H-Querschnitt, verdient der letztere doch weitere Verbreitung, da er infolge seiner fertigungstechnisch besonders günstigen Übergänge zu den Augen sich leicht und billig stellt. Die Übergänge vom Schaft zu den Augen können als Kreisbogen ausgebildet und durch glattes Durchfräsen vom Schaft her ausgearbeitet werden (Abb. 48). Die dabei an den Übergängen sich ergebenden Werkstoffanhäufungen können

Abb. 49. Hauptpleuelstange mit H-Querschnitt und zwei Nebenpleuel mit I-Querschnitt des amerikanischen Sternmotors Wright „Cyclone“ (nach [28]).

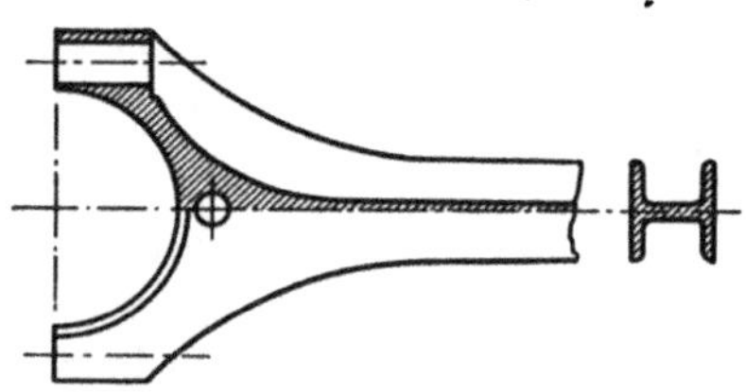

Abb. 50. Schnitt und Ansicht des Schaftteiles einer Pleuelstange mit H-Schaft und geteiltem Kopf.

durch Anbringen von Erleichterungsbohrungen (Abb. 48) ohne Schaden für die Spannungsverteilung ausgeglichen werden, so daß mindestens das gleiche Gewicht wie mit I-Schäften erreicht wird.

Die Abb. 49 zeigt die Hauptpleuelstange (mit H-Schaft) und die Nebenpleuelstange mit I-Schaft des amerikanischen „Cyclone“-Flugmotors neuerer Bauart.

Das Hauptpleuel zeichnet sich durch besonders einfache Fertigung und geringes Gewicht aus.

Auch bei Stangen mit geteiltem Kopf ist der H-Schaft wie in Abb. 50 leicht anzuwenden.

2. Die Stangenköpfe und -augen.

a) Der Übergang vom Schaft zum Kopf. Der Übergang vom Schaft zum Kopf bietet wohl bezüglich gleichmäßiger Spannungsverteilung dem Konstrukteur die größten Schwierigkeiten, da es nicht immer einfach ist, glatt und sanft verlaufende Übergänge zu gestalten, die einen gleichmäßig im tragenden Querschnitt verlaufenden Kraftfluß gestatten und damit Spannungsspitzen vermeiden. Infolge der je nach Motorenbauart und Einzelform des Pleuels großen Verschiedenheiten der äußeren Form ist es kaum möglich, Einzelangaben über die jeweils zu treffenden Maßnahmen zu machen. Die Grundforderungen für Querschnittsübergänge möglichst günstiger Spannungsverteilung werden wohl am besten mit dem Begriff „Entlastungsübergang" (*29*) ausgedrückt.

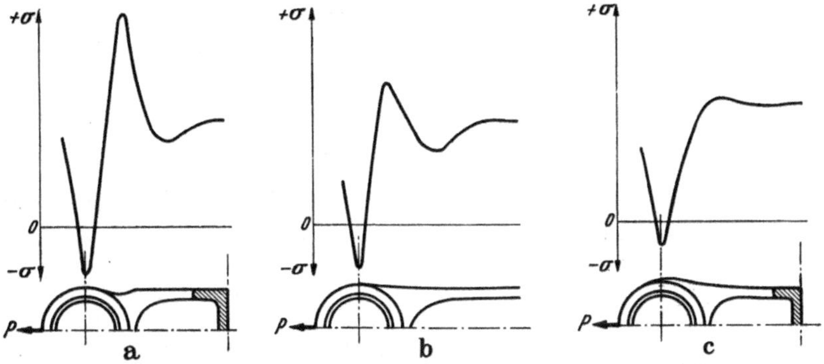

Abb. 51. Übergangsformen von Pleuelstangenaugen zum Schaft mit verschiedenartigem Spannungsverlauf.
a) Hohe Spannungsspitze am Übergang, sehr ungünstig.
b) Spannungsspitze am Übergang geringer, jedoch noch zu ungünstig.
c) Spannungsspitze vollkommen abgebaut („Entlastungsübergang").

Einige Beispiele für schlechte und gute Übergänge bei geschlossenen Augen sind in der Abb. 51 enthalten (*21*).

b) Der geschlossene Stangenkopf. Die günstigste Form für einen verhältnismäßig einwandfreien Übergang bietet stets der Kopf oder das Pleuelauge geschlossener Bauart. Hier ist am besten, wie Abb. 51c zeigt, der dauerbruchsichere Entlastungsübergang zu erreichen. Die geschlossene Kopfform hat sich deshalb auch für Motorenbauarten höchster Leistung und höchster spezifischer Beanspruchung der Pleuelstange, im Flugzeug-Sternmotor (Abb. 52 und 53), durchgesetzt. Für den geschlossenen Kurbelkopf muß der Konstrukteur zwar eine Teilung der Kurbelwelle in Kauf nehmen; die Erfahrung hat aber gelehrt, daß

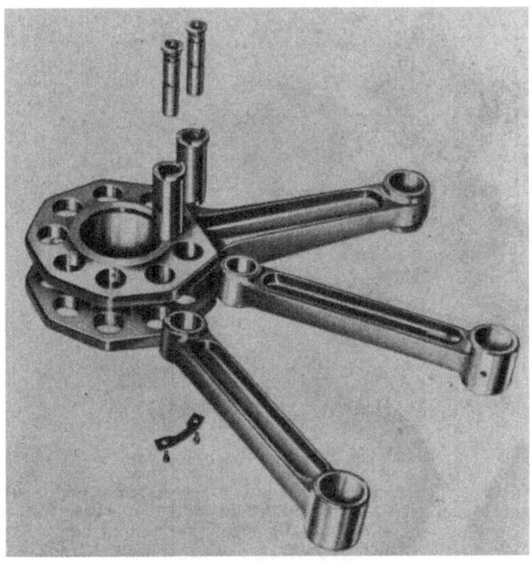

Abb. 52. Einteilige Hauptpleuelstange eines Flugzeug-Sternmotors mit zwei Anlenknebenpleueln und zugehörigen Anlenkbolzen.

diese Frage für Großmotoren wenigstens der Einreihensternbauart einfacher zu lösen ist, als die des geteilten Pleuelkopfes. Ein weiterer Vorteil des ungeteilten Kurbelkopfes ist das geringere Gewicht der Kurbelwellengegengewichte.

Die Abb. 54 zeigt den mit der geteilten Kurbelwelle montierten Pleuelstern eines Sternmotors älterer Bauart. Zu beachten sind die eingeschnürten Übergänge an den Nebenpleuelaugen (s. a. Abb. 51a), die Lage der Ölbohrungen im höchstbeanspruchten Querschnitt der Augen (s. a. Abb. 45) und die Ölnuten in den Kolbenbolzenlagern.

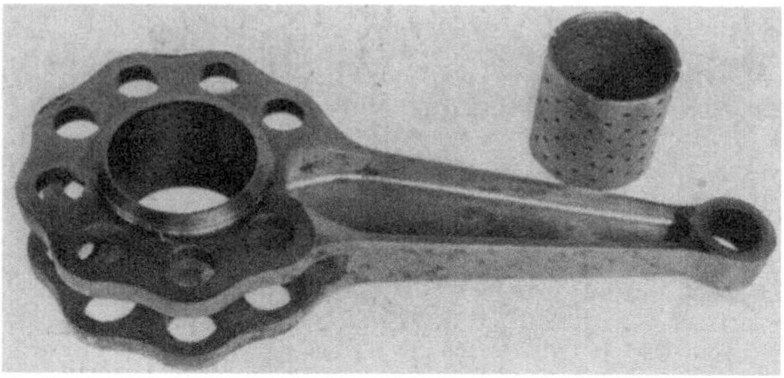

Abb. 53. Einteilige Hauptpleuelstange mit Schwimmbuchse eines englischen Flugzeug-Sternmotors (Bristol „Mercury" [*28*]).

Einen fertig montierten Pleuelstern mit eingesetzter Schwimmbuchse zeigt Abb. 55. Die Nebenpleuel dieses Motors zeichnen sich durch besonders schlanke Form aus.

Wesentlich einfacher als die Hauptpleuelstange des Flugmotors gestaltet sich die Pleuelstange des Einreihen-Automobil- oder Motorradmotors. Da die spezifischen Beanspruchungen nicht so hochgestellt werden müssen wie beim Flugmotor, können hier die Fertigungskosten durch Belassen der rohen Schmiedeoberfläche am Stangenschaft wesentlich geringer gehalten werden. Der Kurbelkopf der Fahrzeugmotoren-Pleuelstange in Abb. 56 ist für die Verwendung eines Rollenlagers gebaut (vgl. auch Abb. 130). Zu beachten sind der Entlastungsübergang im Kurbelkopf, das sehr massive Kolbenbolzenauge und die Ölschlitze in Kurbelkopf und Kolbenbolzenauge. Der Schaft wird nicht bearbeitet, aber zweckmäßig ebenso wie die Außenflächen der Augen und Übergänge kugelgestrahlt.

Abb. 54. Kurbelwelle mit Pleuelstern eines Flugzeug-Sternmotors älterer Bauart.

Mit der Abb. 57 wird nochmals auf die ungünstige Formgebung beim geschlossenen Auge einer Pleuelstange mit Rohrquerschnitt hingewiesen. Hohe Spannungsspitzen an den Übergängen und starkes Verformen der Lagerbuchse an den axialen Durchbohrungen sind die besonderen Nachteile dieser Bauart.

c) Der Pleuelstangenkopf offener Form. Trotz der gewichtlichen Nachteile des geteilten Kurbelkopfes herrscht dieser, mit Ausnahme im Flugzeug-Sternmotor, bei Motoren größerer Leistung vor, weil die Teilung der mehrhübigen Kurbelwelle nicht einfach ist.

Beim geteilten Pleuelkopf bietet vor allem die Unterbringung der Pleuelkopfschrauben die größten Schwierigkeiten. Diese müssen, um die größtmögliche starre Verbindung der Kopfhälften zu erzeugen, große Vorspannkräfte zulassen. Die durch die elastischen Verformungen des Kopfes in den Schrauben hervorgerufenen zusätzlichen Biegebeanspruchungen sollen aber möglichst klein werden. Die Schrauben sind deshalb dicht an den Kurbelzapfen heranzulegen. Dadurch ergeben sich wieder andere konstruktive Schwierigkeiten, wie z. B. bei den Sternmotorenpleuel in Abb. 58 Durchbrüche an den Anlenkaugen. Diese werden dadurch geschwächt. Außerdem ergeben sich verwickelte Bauarten für die Anlenkbolzen. Die in Abb. 58 in der Trennfuge an der seitlichen Anlauffläche des Kopfes zu erkennenden vorstehenden Stifte sind in entsprechende Nuten in den Kopfhälften als Sicherung gegen Verschieben eingelegt und dienen gleichzeitig als Drehsicherung der Lagerbuchsen. Infolge der nicht ganz zu vermeidenden elastischen Verformungen des Kopfdeckels treten an den Trennflächen der Kopfhälften Relativbewegungen auf, die starke Reibkorrosion hervorrufen und dann zu Dauerbrüchen führen können.

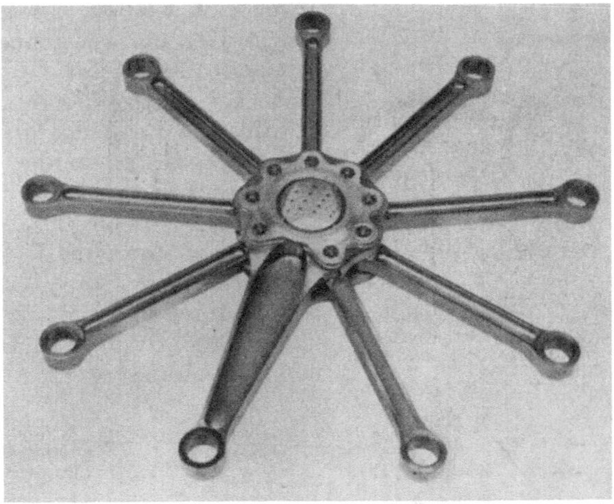

Abb. 55. Pleuelstern mit eingesetzter Schwimmbuchse eines englischen Bristol „Pegasus"-Sternmotors.

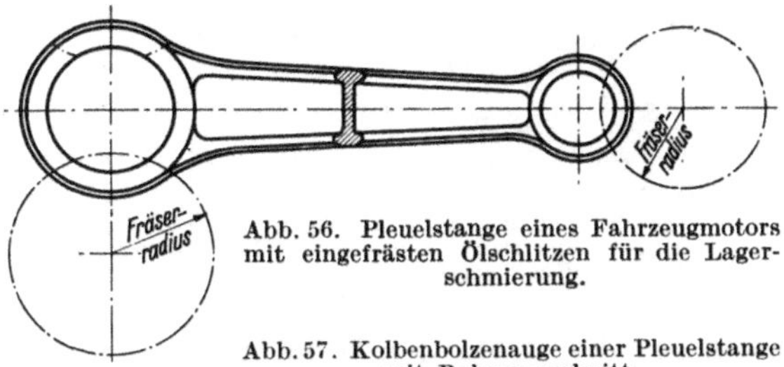

Abb. 56. Pleuelstange eines Fahrzeugmotors mit eingefrästen Ölschlitzen für die Lagerschmierung.

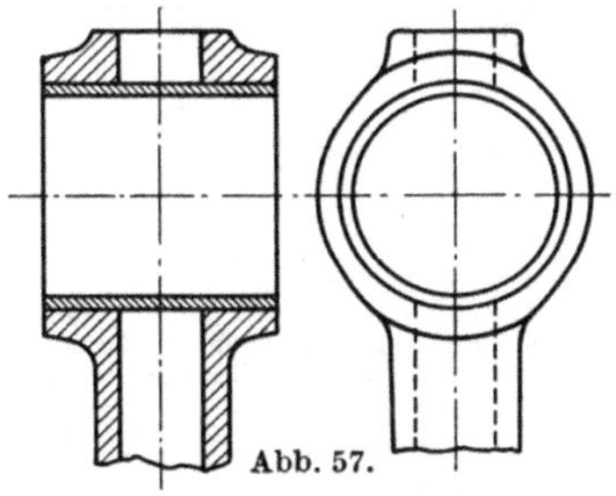

Abb. 57. Kolbenbolzenauge einer Pleuelstange mit Rohrquerschnitt.

Ob vier oder zwei Verbindungsschrauben gewählt werden, ist Frage der zu übertragenden Kräfte und baulicher Unterbringungsmöglichkeiten. Bei großen Kräften sind vier Schrauben unerläßlich.

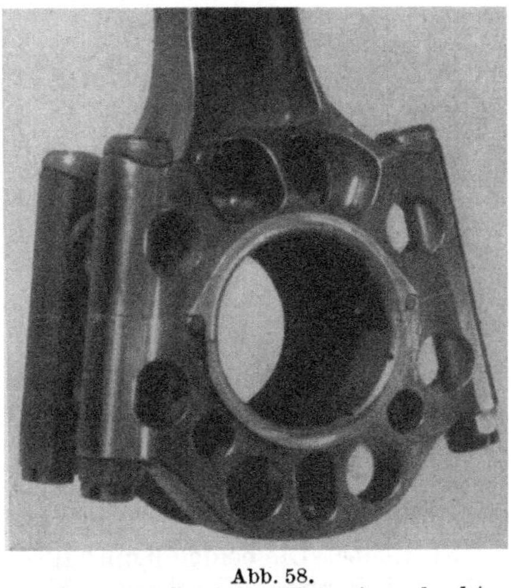

Abb. 58.
Geteilter Kurbelkopf einer Flugmotorenpleuelstange der Sternbauart Armstrong-Siddeley-„Tiger".

Die Abb. 59 zeigt den Schnitt durch den Stangenteil eines geteilten Kopfes, bei dem nicht wie sonst üblich Durchsteckschrauben, sondern Stift-Bundschrauben angewandt werden. Diese Bauart ist aber nur bei kleinen Motorenleistungen zu empfehlen (z. B. bei Automobilmotoren).

Eine noch einfachere Lösung wendet Ford an, indem er die Schraubenbolzen an die Stange anschmiedet (Abb. 60). Diese Bauart hat den Vorteil größter Billigkeit und sollte besonders für Motoren kleiner Leistung und großer Fertigungsstückzahlen mehr angewandt werden.

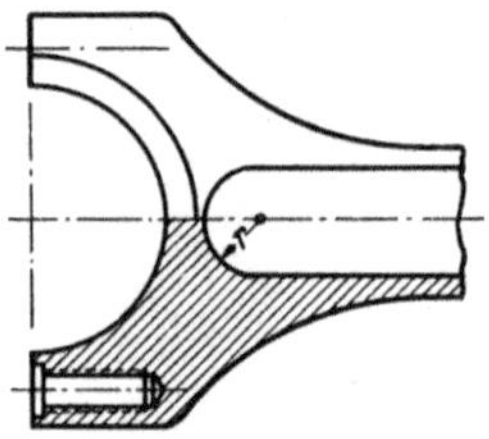

Abb. 59. Stangenteil eines geteilten Pleuelstangenkopfes mit Stiftschraubenanordnung.

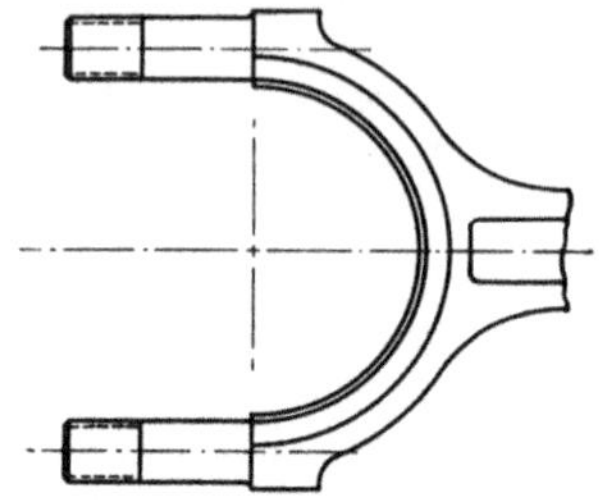

Abb. 60. Pleuelstangenkopf einer Ford-Automobilmotoren-Pleuelstange mit angeschmiedeten Pleuelschrauben.

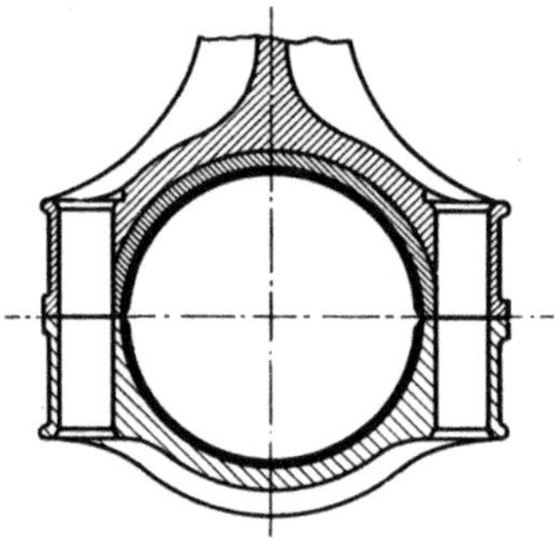

Abb. 61. Geteilter Pleuelstangenkopf mit Durchsteckschrauben (auf der Stangenseite eingesetzter Lagerschale; der Deckel ist direkt mit Lagermetall ausgegossen).

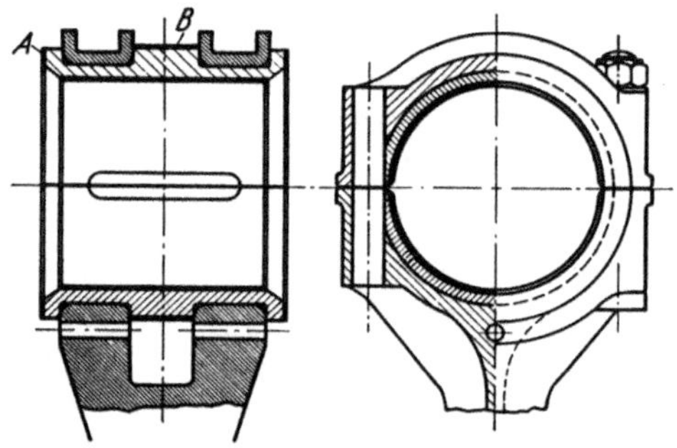

Abb. 62. Geteilter Pleuelstangenkopf der Gabelbauart mit eingesetzten Lagerschalen (die Lagerschalen tragen außen Lagermetallbelag zur Aufnahme des Nebenpleuels).

Anordnungen mit Durchsteckschrauben sind in Abb. 61 und 62 als häufigste Form dargestellt.

Eine andere Verbindungsmöglichkeit der beiden Pleuelhälften geben Abb. 63

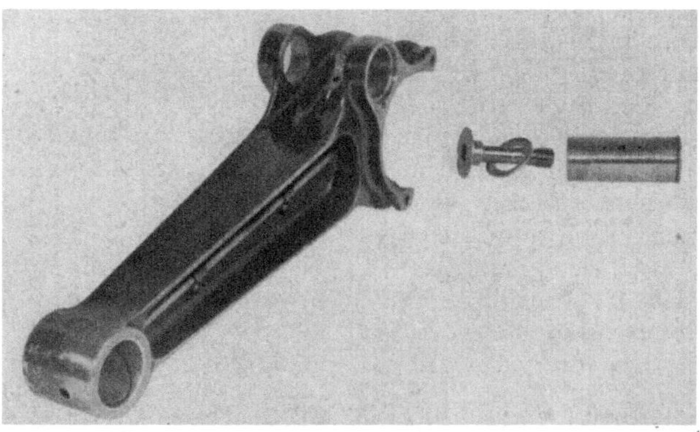

Abb. 63. Geteilter Pleuelstangenkopf (Stangenteil) der V-Bauart (Anlenkaugen) Hispano-Suiza.

und 64 wieder. Die beiden Kopfhälften werden durch ineinandergreifende Laschen, in deren Bohrungen Kegelstifte eingetrieben werden, fest miteinander verbunden.

An der Pleuelstange nach Abb. 63 ist weiterhin die Druckölschmierung des Kolbenbolzenauges bemerkenswert, womit nicht gesagt sein soll, daß diese Lösung gut wäre. Das Öl wird dabei in der höchstbeanspruchten Zone des Lagers zugeführt. Außerdem sind die Ölnuten ungünstig, da sie den Schmierfilm unterbrechen.

An den geteilten Kopf des Pleuels in Abb. 63 wird die Nebenpleuelstange mit Anlenkbolzen in zwei Augen angelenkt. Bei der Anlenkung in einem Auge dagegen wird eine gegabelte Nebenpleuelstange benutzt.

Eine häufig angewandte Verbindung von Haupt- und Nebenpleuel ist die Ausführung des Hauptpleuels als Gabelpleuel und des in die Gabel eingreifenden Nebenpleuels als sog. „Mittelpleuel" (Abb. 65). Für die Lagerung beider Pleuel wird eine Lagerbuchse benutzt, die gemäß Abb. 62 außen und innen einen Bleibronzebelag trägt.

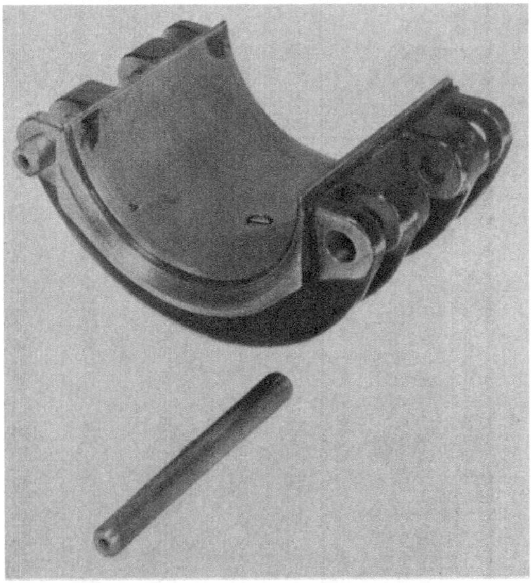

Abb. 64. Deckel und Kegelstift zum Pleuelstangenteil Abb. 63.

Abb. 65. Gegabelte Hauptpleuelstange und Nebenpleuelstange als Mittelpleuel zu einem V-Motor.

D. Die Pleuelstangenwerkstoffe und ihre Behandlung.

Aus Gründen bester Dauerhaltbarkeit kommen für Pleuelstangen nur geschmiedete Rohlinge in Betracht, bei denen sowohl der Werkstoff seinen günstigsten Gefügeaufbau als auch Faserverlauf besitzt. Je nach Motorenbauart und Verwendungszweck benutzt man sowohl reine Kohlenstoffstähle als auch legierte Stähle.

Zahlentafel 11. Werkstoffe für Pleuelstangen.

Werkstoff	Chemische Zusammensetzung C vH	Mn vH	Si vH	Cr vH	Mo vH	V vH	Festigkeitseigenschaften: Streckgrenze $\sigma_{0,2}$ kg/mm²	Zugfestigkeit σ_B kg/mm²	Bruchdehnung δ_{10} vH	Biege-Wechselfestigkeit[1] σ_{WB} kg/mm²	Zug-Druck-Wechselfestigkeit σ_{DZ} kg/mm²	Verwendung
DIN St C 35.61	~ 0,35	< 0,8	< 0,35	—	—	—	> 28	50···60	> 19	25···30	18···21	Für Motoren kleiner u. mittlerer Leistung (Motorrad, Automobil)
DIN St C 45.61	~ 0,45	< 0,8	< 0,35	—	—	—	> 34	60···70	> 16	30···35	21···25	
DIN VCMo 135	0,3···0,37	0,5···0,8	< 0,35	0,9···1,2	0,15···0,25	—	56···70	80···100	> 8	40···50	28···35	Für Motoren höherer Leistung, Dieselmotoren u. sonst. Kraftfahrzeugmotoren größerer Leistung, Flugmotoren
DIN VC 135	0,3···0,37	0,5···0,8	< 0,35	0,9···1,2	—	—	52···56	75···90	> 8	38···45	27···32	
Cr-V-Stahl	0,45···0,55	0,6···0,8	< 0,35	0,9···1,2	—	0,1···0,3	> 80	95···110	> 8	45···55	32···39	Flugmotoren und sonstige Motoren hoher Leistung
Cr-V-Nitrierstahl	0,24···0,34	0,4···0,8	< 0,40	2,3···2,7	—	0,2···0,35	> 80	100···115	> 8	50···55 verg. 60···65 nitr.		

[1] am glatten polierten Probestab.

Leichtmetalle sind nur in ganz seltenen Fällen, und dann nur für Motoren kleiner Leistungen anwendbar. Ihr geringer E-Modul und ihre geringe Wechselfestigkeit verlangt größere Wandstärken, die sich bei Motoren größerer Leistung nicht unterbringen lassen.

Eine Übersicht über die heute gebräuchlichen Pleuelstangenwerkstoffe gibt die Zahlentafel 11 wieder.

Wo geringe und mittlere Beanspruchungen auftreten, verwendet man mit Erfolg die Kohlenstoffstähle nach DIN StC 35.61 und StC 45.61. Da sie auch bei Wechselbeanspruchung im Vergleich zu legierten Stählen verhältnismäßig oberflächenunempfindlich sind, kann man die Pleuelstangen bei Motoren kleinerer Leistung mit roher Oberfläche (Schmiedehaut) einbauen. Eine Bearbeitung würde keinen Gewinn bringen, da diese Pleuel aus Steifigkeitsgründen bereits überbemessen sind.

Aber auch bei höheren Leistungen, wo eine sorgfältige Oberflächenbearbeitung angebracht ist, kann man ohne teure spanabnehmende Bearbeitung auskommen, wenn man die Oberfläche der Stangen, mit Ausnahme von Lager- und

Anlaufflächen, mit Stahlkugeln bestrahlt (*30*). Bei diesem Verfahren werden Oberflächenkerben wie Schmiedezundernarben, Riefen, Rißchen usw. entfernt und in ihrer Kerbwirkung wesentlich vermindert. Da dabei gleichzeitig eine Kaltverformung der an der Oberfläche gelegenen Werkstoffteilchen und die Ausbildung eines Druckeigenspannungszustandes eintritt, der der von den äußeren Kräften erzeugten Zugspannung entgegenwirkt, wird damit die Dauerhaltbarkeit erhöht.

Da die Werkstoffauswahl selbstverständlich in erster Linie sich nach der Beanspruchungsgröße zu richten hat, bleibt sie nicht allein auf die Kohlenstoffstähle beschränkt. Für höhere Leistungen hat man bisher vielfach den Cr-Mo-Stahl nach DIN VCMo 135 angewandt. Es hat sich aber gezeigt, daß dieser Stahl ohne Molybdän bei sachgemäßer Anwendung ebenso leistungsfähig ist. Es wäre daher falsch und nicht im Sinne der Ersparnis wertvollster für andere Zwecke notwendigerer Metalle, wenn man bei Neukonstruktionen den Stahl VCMo 135 für Pleuelstangen weiterhin anwenden würde.

Die Verwendung der Cr-V-Stähle als Vergütungs- oder Nitrierstähle sollte eigentlich nur den Motoren höchster Leistung vorbehalten bleiben, da die bisherige Erfahrung im Flugmotorenbau gezeigt hat, daß diese Stähle selbst höchsten Ansprüchen genügen. Die neuere Entwicklung des Flugmotors bestätigt z. B., daß für Pleuelstangen keine Molybdän- oder nickelhaltige Stähle mehr nötig sind.

Es ist bekannt, daß man durch Oberflächenhärtung die Dauerfestigkeit grundsätzlich erhöhen kann. Nur ist es bei wechselbeanspruchten Bauteilen notwendig, diese Härtungszone so zu legen, daß das dadurch entstehende Druck-Eigenspannungsfeld nicht etwa ein schädliches Zug-Spannungsfeld hervorruft. Durch Anwendung der Einsatzhärtung oder Nitrierung ist es z. B. möglich, selbst bei höchsten Beanspruchungen, wo die Cr-V-Stähle nach Zahlentafel 2 an der Grenze der Leistungsfähigkeit liegen würden, dauerhaltbare Pleuelstangen zu bauen.

Man kann entweder die Stangen aus Einsatzstahl EC 100 (Zahlentafel 10) oder Cr-V-Nitrierstahl nach Zahlentafel 2 herstellen. Allerdings ist zu beachten, daß die Nitrierschicht besonders schlagempfindlich ist, und die geringste Beschädigung der vollkommen nitrierten Pleuelstange zu Anrissen führen kann, so daß die Dauerhaltbarkeit um mehr als 50% vermindert werden kann. Bei Einsatzschichten ist die Schlagempfindlichkeit geringer, aber der Verzug der Teile wesentlich größer. Um die Fertigung und Montage durch besondere Sicherheitsmaßnahmen nicht zu erschweren, wird man deshalb nur diejenigen Stellen oberflächenhärten, die bei dem nur vergüteten Werkstoff dauerbruchgefährdet sind. Das sind meist die Lager- und Paßstellen (Anlenkaugen usw.), an denen sich leicht Reibkorrosion bildet (*30, 31*).

Nitriert man z. B. Kolbenbolzenaugen von Pleueln, um die Bruchgefährdung durch Reibkorrosion zu vermeiden, so dürfen zur Sicherung der Lagerbuchse gegen Verdrehen oder seitliches Wandern nur Hohlniete, die durch einen Preßvorgang geschlossen werden, Verwendung finden. Beim Einschlagen bzw. Vernieten von Vollnieten wird die Nitrierschicht leicht beschädigt und führt dann zu der erwähnten Gefährdung der Stangen.

Mit der Oberflächenhärtung gefährdeter Stellen ist aber die Leistungsfähigkeit des Werkstoffes — trotz vorauszusetzender beanspruchungsgerechter Leichtbaukonstruktion — noch nicht voll erreicht. Die Betriebssicherheit des Pleuels kann vielmehr durch sorgfältige Oberflächenglättung (Polieren, Schwabbeln) der nichtgehärteten Zonen weiter gesteigert werden. Die Maßnahme wird im Flugmotorenbau vielfach angewandt; sie ist aber im Verhältnis zum Erfolg zu kostspielig. Auf einfachere Art wird eine bessere Wirkung erzielt, wenn man die spanende Formgebung bereits bei einem Grobschlichtvorgang enden läßt, die Kanten entgratet, die Stangen einschließlich der Lagerbuchsenbearbeitung fertigstellt und dann als Schlußbehandlung mit Stahlkugeln strahlt — selbstverständlich nachdem man glatt zu haltende Anlaufstellen usw. abgedeckt hat —. Das Bestrahlen mit Stahlkugeln bringt bei ordnungsgemäßer Durchführung mindestens ebensoviel Gewinn an Dauerhaltbarkeit wie das Polieren (*22*).

Zahlenangaben über die Einhärtungstiefen, die Bedingungen beim Kugelstrahlen usw. lassen sich sehr schwer machen, da sie form-, werkstoff- und wandstärkenbedingt sind und je nach Pleuelbauart an den verschiedensten Stellen angebracht werden.

In vielen Fällen sind Vergleichsversuche auf geeigneten Prüfmaschinen zwischen unbehandelten und verschiedenartig oberflächenbehandelten Pleueln zu empfehlen, um die Bestlösung herauszufinden. Der Erfolg bei großen Fertigungsstückzahlen wird immer diesen Aufwand lohnen.

Es ist nach einer so sorgfältigen Gestaltung und Fertigung unbedingt zu verlangen, daß auch die laufende Abnahmekontrolle der Pleuel entsprechend sorgfältig geschieht, damit fehlerhafte Teile immer rechtzeitig ausgeschaltet werden.

E. Die Lager und Bolzen.

1. Allgemeine Gestaltung und Schmierung der Pleuellager.

Die Gestaltung und Bemessung der Pleuellager erfolgt stets in Verbindung mit den Nachbarbauteilen Kolben und Kurbelwellen auf Grund der maximalen Lagerdrücke. Die Wahl der Lagerbauart, ob Wälz- oder Gleitlager, ist eine Frage der Motorenbauart bzw. der Beanspruchung. Bezüglich Berechnung der Wälzlager und Gleitlager muß auf das Schrifttum verwiesenwerden (*32*,*33*,*34*,*35*).

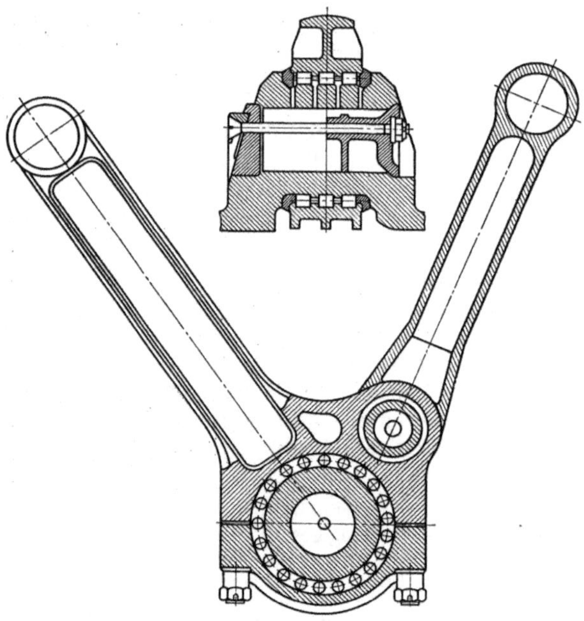

Abb. 66. Wälzlagerung des Hauptpleuels eines 12-Zylinder-Dieselflugmotors (*36*).

a) Das Wälzlager. Wälzlager findet man als Pleuellager weniger oft. Die meisten Pleuellager werden aus Gründen *leichterer* Bauweise und einfacherer Gestaltung als Gleitlager gebaut.

Vorteile der Wälzlager sind:

1. Geringe Lagerreibung, die sich besonders bei Anlauf der Maschine auswirkt.

2. Gedrängte Baulänge.

3. Unempfindlichkeit gegen Ölverunreinigung, geringer Schmierbedarf.

4. Unempfindlichkeit gegen Zapfenverformungen.

Nachteilig wirken:

1. Hohes Baugewicht und großer Lagerdurchmesser.

2. Empfindlichkeit gegen Stoßbeanspruchung, die beim Pleuel regelmäßig vorhanden ist.

3. Wälzlager können im Gegensatz zum Gleitlager nur in besonderen Fällen zweiteilig ausgeführt werden.

Die Abb. 66 zeigt als Beispiel für eine Wälzlagerung das Pleuel eines 12-Zylinder-Dieselflugmotors (*36*). Bei diesem Lager liegen drei Rollenreihen nebeneinander.

Während die Rollen auf dem Kurbelzapfen direkt laufen, wird in den geteilten Pleuelkopf zweckmäßig eine geteilte Zwischenbuchse eingebaut, in der dann durch geeignete Verzahnung der Buchsenhälften der Übergang der Stellen an der Trennfuge stoßfrei erfolgt.

Bei ungeteilten Pleuelköpfen, wie z. B. in Abb. 67, laufen die Rollen zweckmäßig direkt im Pleuelkopf. Derartige Bauarten verwendet man hauptsächlich für geringere Motorenleistungen. Dabei wird der Kurbelzapfen durch eine Schrumpfverbindung in die Wellenwangen eingesetzt (vgl. Abb. 145).

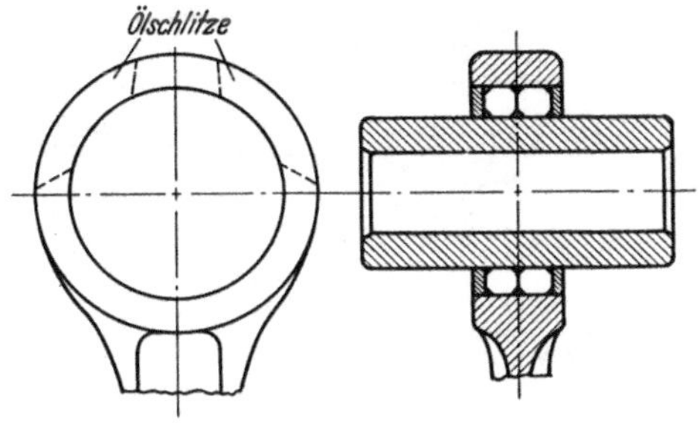

Abb. 67. Rollenlagerung beim Pleuelkopf eines Fahrzeugmotors.

Während die Rollenlager nur auf der Kurbelseite im Pleuel Verwendung finden, kann das Nadellager auch auf der Kolbenseite eingebaut werden. In der Abb. 68 ist diese Verwendungsart im Pleuel eines Hirth-Flugmotors zu sehen. Bezüglich Schmierung sind die Rollenlager verhältnismäßig unempfindlich. Sie brauchen weniger Öl als Gleitlager. Die Art der Schmierung, ob Drucköl oder Spritzöl, ist von der Lage und der Bauart des Lagers abhängig. Kugellager im Kurbelzapfenkopf werden meist durch Drucköl geschmiert.

b) Das Gleitlager. In weitaus größerem Maße finden sich Gleitlager als Pleuellagerungen. Das Gleitlager hat gegenüber dem Wälzlager folgende besonderen Vorteile:

1. Geringeres Baugewicht.
2. Einfacheren Gesamtaufbau.
3. Unempfindlichkeit gegen Stoßbeanspruchung.

α) *Die Kolbenbolzenlagerung. Das Kolbenbolzenlager* als einfachstes Pleuellager besteht meist aus einer glatten mit einem gewissen Preßmaß in das Kolbenbolzenauge eingesetzten Buchse aus gegossener oder gezogener Bronze.

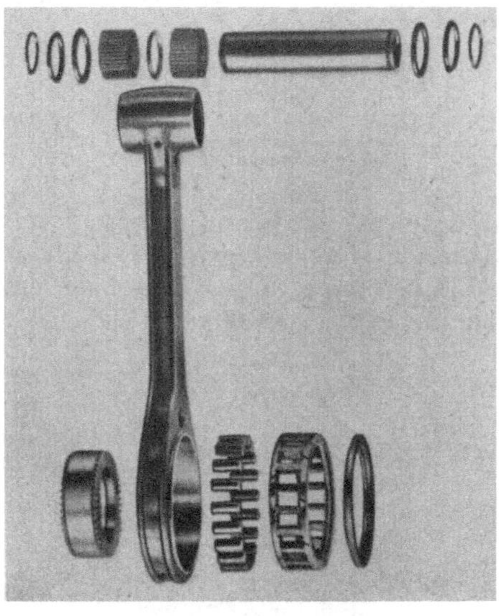

Abb. 68. Rollenlagerung des Kurbelzapfenkopfes und Nadellagerung des Kolbenbolzenauges eines Hirth-Motors.

In der Abb. 69 wird der Einbau einer solchen Lagerbuchse in dem Kolbenbolzenauge eines Kleinmotors gezeigt. Die Buchse steht auf beiden Seiten etwas über. In den Scheitel des Auges ist ein Schlitz zur Zufuhr des Schmieröles eingefräst. Die Buchse ist sonst nicht gegen Verdrehen gesichert, was bei den kleinen Lagerdrücken auch nicht erforderlich ist, wenn die Buchse mit genügender Pressung eingesetzt wird. Vielfach sichert man die eingezogenen Buchsen mit Nieten. Dabei ist zu beachten, daß die Nietlöcher nicht in den Hauptquerschnitt *0—0* (Abb. 38) zu liegen kommen. Ihre richtige Lage ist im Winkel von 45^0 zur Querschnittachse *0—0*.

Bei der Kolbenbolzenlagerung in Abb. 70 ist die Bronzebuchse gegen Verdrehen und seitliches Wandern in eine kleine Ausfräsung im Auge hineingedrückt.

Im Automobilbau verwendet man auch Kolbenbolzenbuchsen, die aus einem Bronzeband zu einer rohrförmigen Lagerschale gerollt wurden, wie in Abb. 71 gezeigt wird.

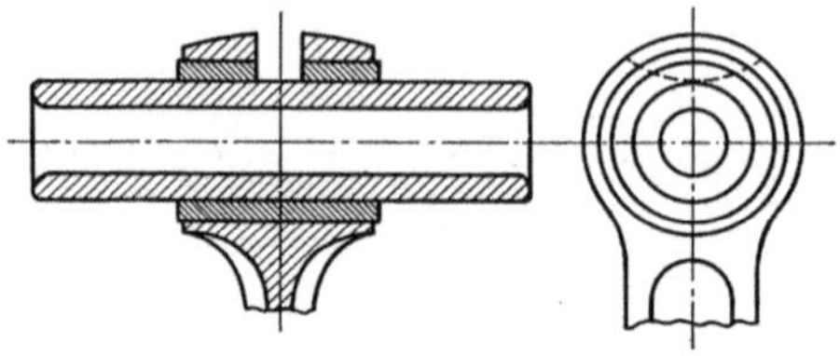

Abb. 69. Kolbenbolzenlagerung mit Kolbenbolzen eines Verbrennungsmotors kleiner Leistung.

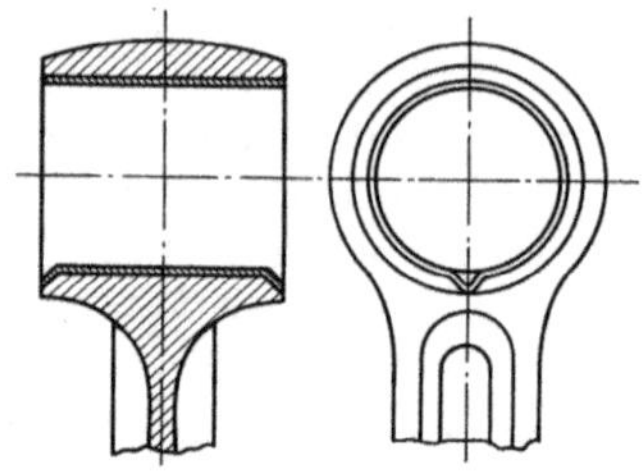

Abb. 70. Sicherung der Kolbenbolzenbuchse durch Eindrücken der Buchse in zwei Aussparungen im Auge.

Die Schmierung der Kolbenbolzenlagerung erfolgt durch Spritzöl vom Kurbelgehäuse aus. Besondere Schmierlöcher — Schlitze usw. — sind meist nicht erforderlich.

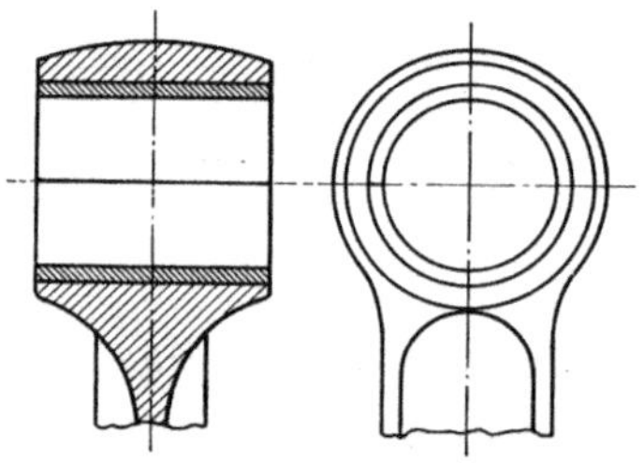

Abb. 71. Aus Bronzeblech gebogenes Kolbenbolzenlager.

β) Die Kurbelkopflagerung. Entsprechend den vielseitigen Ausführungsformen der Pleuelstangenköpfe auf der Kurbelseite sind auch die Gestaltungsmöglichkeiten der Lager. Die Wälzlager wurden bereits im Abschnitt E 1a besprochen.

Die Gleitlager auf der Kurbelseite können grundsätzlich als „Vollschalen" (ungeteilte Hohlzylinder) oder als zwei „Halbschalen" (geteilte Hohlzylinder) gebaut werden, je nach Gestaltung des Pleuelkopfes.

Ungeteilte Lager werden vorzugsweise im Hauptpleuel des Sternflugmotors verwendet (Abb. 72), da dieser in den heutigen Bauarten stets mit geteilter Welle ausgerüstet ist.

Dabei kann die Lagerschale entweder im Pleuel selbst (Abb. 72) fest eingeschrumpft oder als sog. Schwimmbuchse (Abb. 73) eingebaut werden (s. a. Abb. 55). In Abb. 74 sind geteilte Kurbelwelle, Schwimmbuchse, Haupt- und Nebenpleuel mit Anlenkbolzen zu erkennen.

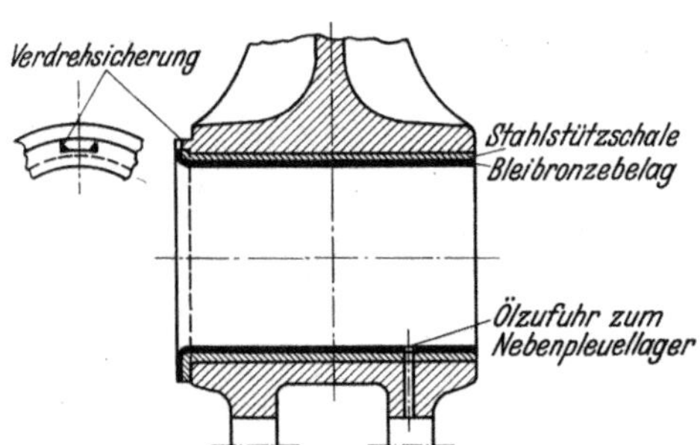

Abb. 72. Bleibronzelager im Kurbelkopf eines Flugmotorenhauptpleuels (Sternbauart).

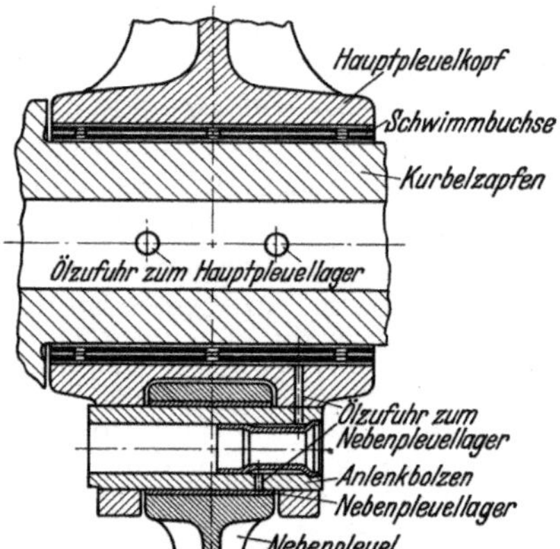

Abb. 73. Hauptpleuellagerung mit „Schwimmbuchse" und Anlenk-Nebenpleuel-Lagerung bei einem Flugzeug-Sternmotor.

Das Gleitlager selbst baut sich auf einer Stahlschale als Festigkeitsträger und dem eigentlichen Lagermetall auf (Abb. 72). Als Lagermetall wird heute für mittlere und hohe Belastungen grundsätzlich Bleibronze verwendet. Nur in Einzelfällen werden noch Ausgüsse aus Weißmetall angewandt.

Abb. 75 gibt ein Beispiel eines geteilten Lagers einfachster Ausführung mit Bleibronzeausguß wieder. Beide Schalenhälften sind nur an der Lauffläche zum Kurbel-

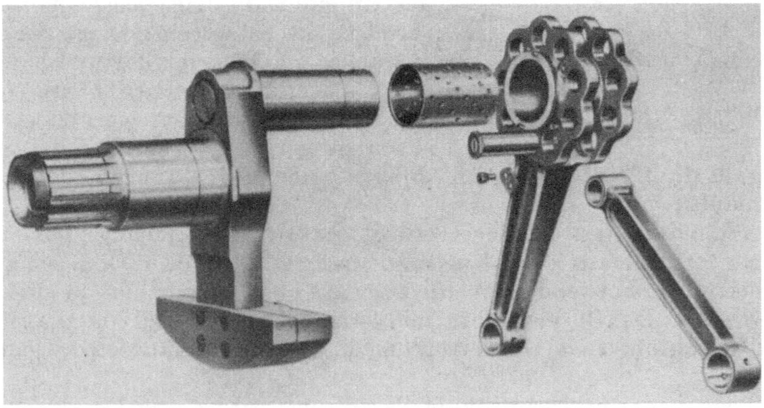

Abb. 74. Geteilte Kurbelwelle mit Schwimmbuchse, Haupt- und Nebenpleuel und Anlenkbolzen eines Flugzeug-Sternmotors.

zapfen mit Lagermetall ausgegossen. Meist müssen aber auch die seitlichen Anlaufflächen *A* der Lagerbunde (Abb. 62) mit einem Bleibronzebelag versehen werden.

Bei V-Motoren, bei denen die Nebenpleuel nicht an das Hauptpleuel angelenkt sind, sondern in das als Gabelpleuel ausgebildete Hauptpleuel hineingreifen, muß wie in Abb. 62 an der Lagerstelle des Nebenpleuels ebenfalls ein Lagermetallbelag an der Stelle *B* vorhanden sein. Da an dieser Stelle die Lagerdrücke höher sind als an der Innenlauffläche des Lagers, muß das Lagermetall der Fläche *B* eine größere Festigkeit besitzen als im inneren Lager. Innen verwendet man z. B. Bleibronze mit einer Härte $H_B = 25 \cdots 35$ kg/mm² und außen Bleibronze mit Brinellhärte $35 \cdots 45$ kg/mm².

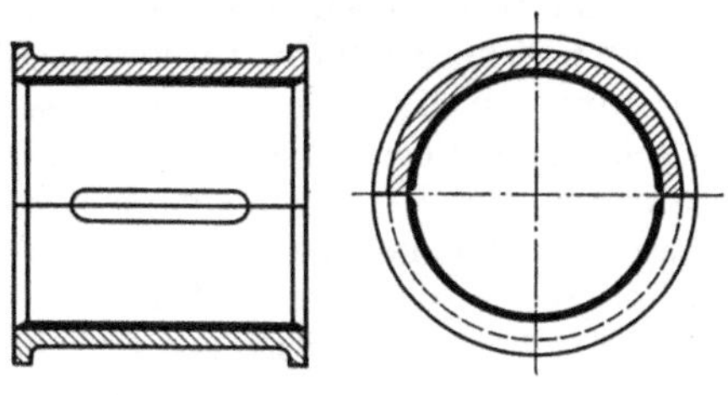

Abb. 75. Geteiltes Bleibronzelager mit Innenausguß.

Die Lagerschalen werden gegen Verdrehen verschiedenartig gesichert, z. B. durch seitliches Anflachen der Außenflächen an der Stelle, an der die Pleuelschrauben die Lagerschalen berühren oder durch Paßstifte in Pleuelkopf und Lagerstützschale.

Bei geteilten Pleueln mit nicht sehr hoher Beanspruchung im Pleueldeckel kann, falls dieser aus einem Kohlenstoffstahl mit geringem C-Gehalt (z. B. nach DIN St C 10.61 oder St C 16.61) hergestellt werden darf, die Bleibronze direkt in den Lagerdeckel hinein vergossen werden (Abb. 61). Die Lagerung wird billiger und einfacher.

Die Stützschalen der bisher erwähnten Lager ungeteilter und geteilter Bauart bestehen meist aus Stahlrohlingen, die aus Rohren oder einzelnen Schmiederohlingen herausgearbeitet werden.

Geteilte Lagerschalen einfachster Bauart ohne und mit seitlichem Anlaufbund werden zweckmäßig aus Blechbändern (Abb. 76) hergestellt, auf die das Lagermetall aufgegossen wird und die dann zu Halbschalen gebogen werden. Derartige

Lager mit den dünnen Tragschalen erfordern naturgemäß starre Pleuelaugen, da sie selbst gegen mechanische Kräfte leicht verformbar sind. Infolge der geringen Blechstärken der Stahlschalen (~ 1,5 mm) können diese Lager gegen Verdrehen und seitliches Verschieben nicht durch Paßstifte gesichert werden. Man drückt deshalb an den Ecken oder auch in der Mitte der Trennfuge der Lagerschalenhälften die Lagerschale in entsprechend vorgesehenen Aussparungen im Pleuelkopf etwas hinein. Derartige Lagerungen werden häufig in Pleueln von Automobilmotoren verwendet. Oft besitzen sie noch Anlaufbunde mit Lagermetallbelag, damit die Pleuelstange nicht direkt an den Kurbelwangen, also Stahl gegen Stahl, anlaufen muß.

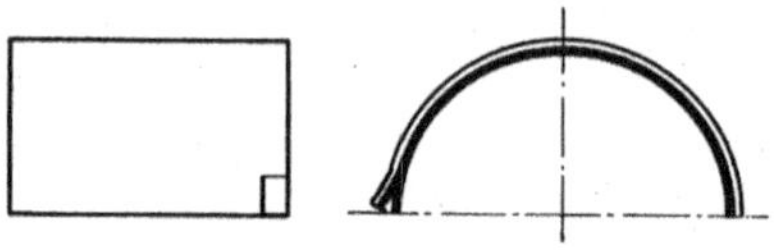

Abb. 76. Hälfte eines aus Blech gebogenen Bleibronzelagers.

Die Schmierung der Gleitlager erfolgt am Kolbenbolzenauge fast ausschließlich durch Spritzöl aus dem Kurbelgehäuse. Ölrillen oder Ölbohrungen in den Augen sind nicht notwendig. Werden sie trotzdem angebracht, so sind sie so anzuordnen, daß das Öl möglichst im geringbelasteten Teil des Lagers eintritt und daß Ölbohrungen im Pleuelauge nicht in stark gefährdeten Querschnitten liegen.

Das Lager im Kurbelzapfenkopf des Pleuels wird durch Drucköl von den in der Kurbelwelle angebrachten Ölkanälen und Ölleitungen aus geschmiert (Abb. 73). Die Einführung des Öls in das Pleuellager hat in einer entlasteten Zone zu erfolgen, damit sich der Ölfilm genügend ausbilden kann. Die Art der Einführung des Öles, ob Ölrillen usw. anzubringen sind, ist in jedem Einzelfall zu entscheiden. Zu beachten ist jedoch, daß der Ölfilm in der belasteten Zone keine Unterbrechung z. B. durch Ölnuten erleiden darf.

c) Lagerwerkstoffe. Im Falle schlechter Schmierung oder Versagens der Schmierung müssen die Lager eine gewisse Zeit ohne Zerstörungsgefahr auch unter diesen erschwerten Betriebsverhältnissen unter Last laufen können. Diese Notwendigkeit führte zu der Forderung nach „Notlaufeigenschaften“, der Lagerwerkstoffe. Die Lagermetalle müssen neben der erforderlichen Festigkeit eine gewisse selbstschmierende Wirkung haben.

Für Motoren geringerer Leistung und Lager geringerer Flächenbelastung hat man schon frühzeitig Lagermetalle, die sich aus Zinn, Blei, Antimon zusammensetzen, sog. *Weißmetalle*, angewandt, die bis vor noch nicht allzu langer Zeit allein als Pleuelkopflager Anwendung fanden. Die Weißmetallegierung wird direkt in den Lagerkörper (Lagerschalen) vergossen, nachdem dieser vorher verzinnt wurde, um eine gute metallische Bindung zwischen Lagermetall und Lagerschale zu erreichen.

Bei höheren Lagertemperaturen versagen jedoch die Weißmetalle. Man hat dann auch zu anderen Weichmetallegierungen auf Kadmiumbasis gegriffen, die aber auch keine wesentlich höheren Lagertemperaturen ertragen.

Mit steigender Motorleistung und höheren Flächendrücken ist man dann zu dem heute am weitesten verbreiteten *Bleibronzelager* gelangt, das bei guten mechanischen Festigkeitseigenschaften infolge der in dem Kupfer als Grundwerkstoff möglichst gleichmäßig fein verteilten Bleiteilchen gewisse Notlaufeigenschaften besitzt.

Die Bleibronze wird wegen ihrer geringen Eigenfestigkeit stets in Verbindung mit einer Stahlschale als Festigkeitsträger eingebaut. Die Herstellung erfolgt durch Eingießen des Lagermetalls in den Stahlkörper nach den verschiedenartigsten Gießverfahren.

Die Bleibronze selbst ist ein metallisches Gemisch zwischen Kupfer und Blei, da beide Metalle keine Legierung zusammen bilden. Das Blei in feiner und gleichmäßiger Verteilung ohne Gaseinschlüsse oder Verunreinigungen mit dem Kupfer zu vereinigen, macht bei der Bleibronzeherstellung die größten Schwierigkeiten. Es ist weiterhin eine besondere Aufgabe, durch geeignete Maßnahmen eine gute metallische Bindung zwischen Stahlgrundschale und Lagermetall zu erzeugen (Abb. 77), so daß auch bei starker plastischer Verformung kein Abspringen des Lagermetalls von der Stahlschale erfolgt (Abb. 78).

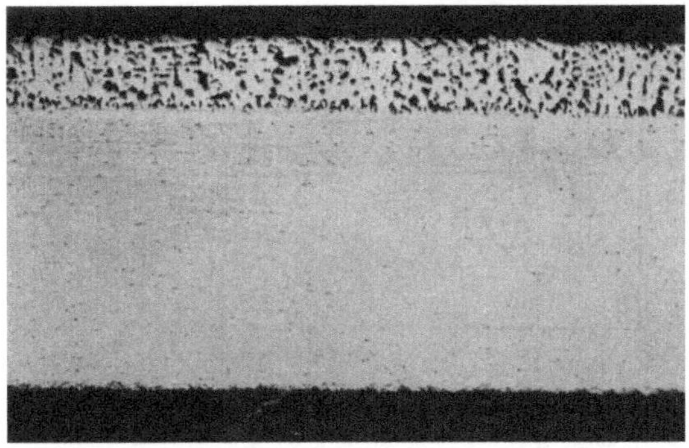

Abb. 77. Auf Stahl aufgegossene Bleibronzeschicht (V = 15 ×).

Die Schichtdicken des Lagermetalls sind grundsätzlich so dünn wie möglich zu halten. Diese liegen gewöhnlich bei 0,5···0,8 mm Ausgußstärke im fertigen eingebauten Lager.

Gegenüber den zinnreichen Weißmetallen hat außer der höheren Belastbarkeit die Bleibronze noch den Vorteil größerer Sparstofffreiheit (s. Zahlentafel 3). Diese Tatsache verlangt allein schon eine Bevorzugung der Bleibronze gegenüber den Zinnlegierungen.

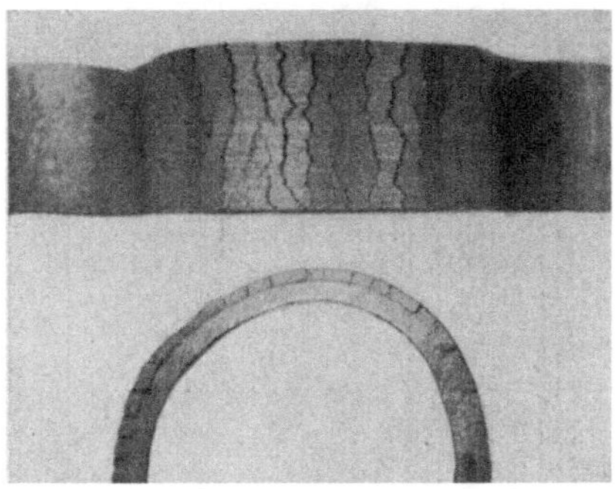

Abb. 78. Biegeprobe zur Prüfung einwandfreier Bindung zwischen Lagermetall und Stahlschale (V = 1 ×).

Unter besonderer Beachtung der Forderung nach sparstofffreien Lagermetallen hat die Lagerentwicklung auch zu einer erfolgreichen Verwendung von Leichtmetallen als Lagerbaustoff geführt (*38*, *39*, *40*). Der Vorteil dieser Lagerbaustoffe liegt neben der meist vollkommenen Sparstofffreiheit besonders in der hohen Belastbarkeit bei richtigem konstruktivem Einbau. Die Leichtmetalle können sowohl als Vollschale als auch in Verbindung mit einer Stahlstützschale in den Lagerträger (d. h. die Pleuelstange) eingebaut werden. Es ist allerdings zu berücksichtigen, daß das Leichtmetall eine höhere Wärmeausdehnungszahl besitzt als der Stahl, daß es sich also beim Warmlaufen des Lagers bei zu enger Sitztoleranz plastisch verformen kann, so daß dann nach Erkalten des Lagers die Leichtmetallbuchse im Pleuelkopf locker sitzt. Je nach Konstruktion muß bereits beim Entwurf auf diese Eigenart Rücksicht genommen und entweder ein Leichtmetall mit sehr großer „Wärmestauchfähigkeit“ (hoher Warmstreckgrenze) (*38*) verwendet oder die Leichtmetallbuchse schwimmend eingebaut werden. Bei der Gestaltung der

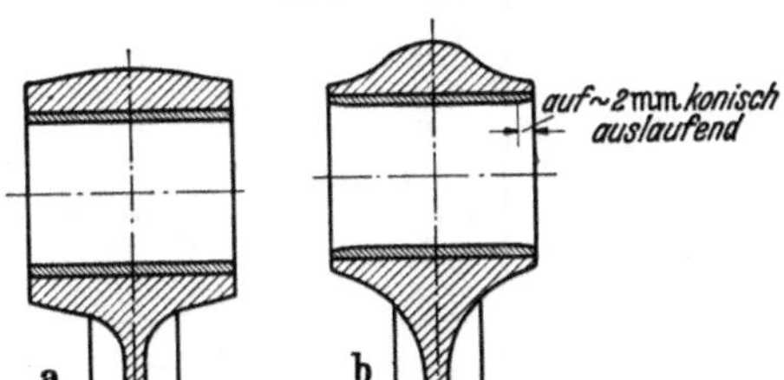

Abb. 79. Leichtmetallager im Pleuelauge. a) Verformungssteif. b) Verformungsweich.

Zahlentafel 12. Aufbau und sonstige Eigenschaften von Lagermetallen für Pleuelstangen (s. a. Schrifttum [*34*, *35*, *37*]).

Gebräuchlichste Lagermetalle	Bestandteile					Brinellhärte H_B bei 20° C	Ungefährer Lagerdruck	Grenzbelastung[1] Lager-temperatur	Bemerkungen
	Sn vH	Sb vH	Cu vH	Pb vH	Ni vH	kg/mm²	kg/cm²	° C	
Weißmetalle auf Zinnbasis nach DIN 1703, z. B. WM 80	80	12	6	2	—	ungefähr wie Lg Pb-Sn 10	< 170	< 120	Sind auszutauschen gegen W-Metalle auf Pb-Basis
Weißmetalle auf Bleibasis nach DIN 1703 U, z. B. Lg Pb-Sn 10	9,8···10	13,5···18	< 2,7	67···83,5	< 1,25	25···32			
Gußbronze nach DIN 1705, z. B. GBz 10	10	—	90	—	—	60	500···600	praktisch unbegrenzt	möglichst vermeiden und durch Leichtmetall ersetzen
Walzbronze	z. B. 91 vH Cu + 9 vH Sn oder 90 vH Cu + 10 vH Al oder 98 vH Cu + 2 vH Ni					100···130	600···800	praktisch unbegrenzt	
Bleibronze nach DIN E 1716	— —	— —	80···70 < 70	20···30 > 30	— —	25···40 > 35	< 400	< 200	
Leichtmetalle	sehr verschiedenartig, häufigste Bestandteile sind außer Al bzw. Mg: Cu, Si, Pb, Mn, Fe, Zn, Ca					je nach Werkstoff 50···130	verschieden je nach Legierung und Lagerbauart (ungefähre obere Grenzwerte: < 600 kg/mm² bei 150° C)		

[1] Die Grenzbelastungen wurden bei Umfangsgeschwindigkeiten am Zapfen von ~ 8 m/s für $1 : d = 1$ ermittelt (nach A. Buske).

Pleuel ist weiterhin zu beachten, daß einige Leichtmetallagerbaustoffe empfindlich gegen Kantendrücke sind. Man kann diesen Nachteil dadurch ausgleichen, daß man die Seitenkanten des Lagerkörpers nach außen konisch auslaufend, also verformungsweich ausbildet (s. Abb. 79). Außerdem läßt man in der Nähe der Lagerkanten die Lauffläche des Lagers etwas konisch ausdrehen. Sieht man diese Maßnahmen bei ordnungsgemäßer Schmierung vor, dann erträgt das Leichtmetallager sehr hohe Belastungen. Im Interesse der Ersparnis an sog. Sparstoffen ist es daher für den Konstrukteur eine der wichtigsten Aufgaben, Leichtmetallager an den verschiedensten Stellen einzubauen, wo bisher aus Kupfer, Blei oder gar Zinn zusammengesetzte Lagermetalle angewandt wurden.

Auch die auf der Kolbenbolzenseite von Haupt- und Nebenpleueln und auf der Anlenkseite von Nebenpleueln infolge der hohen Lagerdrücke eingebauten Bronzebuchsen können vielfach mit Erfolg durch Leichtmetalle ausgetauscht werden.

In der Zahlentafel 12 werden einige Angaben über den Aufbau und die Leistungsfähigkeit der verschiedenen für Pleuellagerung in Frage kommenden Lagermetalle gemacht. Die Auswahl des Lagermetalls darf aber nicht allein auf Grund dieser Eigenschaften, die allgemeine Richtwerte darstellen, getroffen werden. Ebenso wie das Lagermetall selbst sind die einwandfreie Schmierung und die allgemeine konstruktive Formgebung mit ausschlaggebend. Bezüglich genauerer Unterlagen über die verschiedenen Lagerlegierungen sei auf das Schrifttum verwiesen.

Entsprechend dem Aufbau und der Härte des Lagermetalls ist entweder ein Vergütungsstahl bei weichen Lagermetallen ($H_B < 30$ kg/mm²) oder ein oberflächengehärteter Stahl bei härteren Lagermetallen ($H_B > 30$ kg/mm²), wie z. B. Bleibronze, Bronze, Leichtmetall als Zapfenbaustoff zu verwenden.

Die Oberflächenbeschaffenheit von Lager und Lagerzapfen oder Bolzen muß möglichst fein sein. Für den Lagerwerkstoff ist Feindrehen mit Diamant, für den Bolzen Schleifen notwendig. In manchen Fällen werden die Lagerzapfen sogar geläppt.

Die Lagerspiele betragen je nach Lagerbauart, -abmessungen und -werkstoff einige hundertstel bis $^1/_{10}$ mm. Lagerbaustoffe mit hohen Ausdehnungsbeiwerten liegen an der oberen Grenze.

2. Der Anlenkbolzen und der Bolzenwerkstoff.

Das Nebenpleuel wird bei V- und Sternmotoren durch den als Hohlzylinder mit dikker Wandstärke ausgebildeten

Zahlentafel 13. Einsatz- und Nitrierstähle für Anlenkbolzen.

	Werkstoffbezeichnung	Chemische Zusammensetzung C vH	Mn vH	Si vH	Cr vH	Mo vH	V vH	Kernfestigkeit σ_B kg/mm²	Oberflächenhärte[1] H_p kg/mm²	R_c	Verwendung
Einsatzstahl	DIN EC 60	0,12···0,18	0,4···0,6	< 0,35	0,6···0,9	—	—	70···90	> 700	> 60	Für geringere Beanspruchung
Einsatzstahl	DIN EC 80	0,14···0,19	1,1···1,4	< 0,35	0,8···1,1	—	—	85···110	> 700	> 60	Für höhere Beanspruchung
Einsatzstahl	DIN EC 100 . . .	0,18···0,23	1,2···1,5	< 0,35	1,2···1,5	—	—	110···145	> 700	> 60	Für hohe Beanspruchung
Einsatzstahl	DIN ECMo 80 . .	0,13···0,17	0,8···1,1	< 0,35	1,0···1,3	0,2···0,3	—	85···110	> 700	> 60	Durch Stähle EC 80 u. EC 100 austauschen
Einsatzstahl	DIN ECMo 100 . .	0,18···0,23	0,9···1,2	< 0,35	1,1···1,4	0,2···0,3	—	110···145	> 700	> 60	
	Cr-V-Nitrierstahl . .	0,24···0,34	0,4···0,8	< 0,40	2,3···2,7	—	0,2···0,35	100···115	> 750	—	Für hohe Beanspruchung
	Cr-Mo-V-Nitrierstahl .	0,24···0,34	0,4···0,8	< 0,40	2,3···2,7	0,15···0,25	0,15···0,35	100···115	> 750	—	Durch Cr-V-Nitrierstahl austauschen

[1] Im einsatzgehärteten bzw. nitrierten Zustand. H_p = Pyramidenhärte nach Vickers, R_c = Rockwellhärte.

Anlenkbolzen mit dem Hauptpleuel verbunden (Abb. 73). Die Befestigung des Bolzens in den Anlenkaugen des Hauptpleuels geschieht meist durch Preßsitz.

Der Anlenkbolzen kann — im Gegensatz zum Kolbenbolzen — in grober Annäherung als Biegebalken berechnet werden. Diese Rechnung ist allerdings mit großen Unsicherheiten verbunden, so daß seine endgültige Bemessung besser praktischen Versuchen überlassen bleibt, zumal die Art der Befestigung in den Anlenkaugen von großer Bedeutung ist.

Bei eingepreßten Bolzen sind infolge der elastischen Verformungen des Pleuelkopfes geringe Relativbewegungen zwischen den Oberflächen des Bolzens und der Augen unvermeidlich. Aber gerade solche kleinen Relativbewegungen können zu den unangenehmsten Folgen durch Reiboxydation führen (*31*). Um die Bildung der Reiboxydation, die auch bei sonst sicherer Gestaltung des Pleuelkopfes leicht zu Dauerbrüchen in den Anlenkaugen führt, möglich gering zu halten, ist es notwendig, nicht nur die Anlenkbohrungen, sondern auch die Bolzenoberflächen zu härten.

Auch aus Gründen der hohen Flächenpressung im Anlenklager ist allein schon eine Oberflächenhärtung des Anlenkbolzens notwendig. Aus Gründen größerer Dauerbruchsicherheit und einfacherer Fertigung härtet man an der gesamten Oberfläche, also auch an der Innenbohrung des Hohlbolzens (*30*).

Entsprechend der anzuwendenden Oberflächenhärtung und der schlagartigen Dauerbeanspruchung der Anlenkbolzen benutzt man Werkstoffe mit einem zähen Kern, die sich gut oberflächenhärten (einsatzhärten oder nitrieren) lassen. Für die verschiedenen Motorenbauarten kommen Stähle nach Zahlentafel 13 in Frage. Ob zweckmäßig Einsatzstahl oder Nitrierstahl verwendet wird, hängt von den jeweiligen Fertigungsmöglichkeiten und von der Motorenbauart ab. Die Nitrierstähle zeigen infolge der größeren Oberflächenhärte geringere Abnutzung an Lagerstellen.

In Zahlentafel 13 sind der Übersichtlichkeit wegen auch noch Cr-Mo-Stähle aufgeführt, für deren Verwendung aber aus Leistungs- oder Rohstoffgründen keine Ursache besteht. Sie wurden früher vielfach unnötigerweise angewandt, können aber durch die Cr-Mn- und Cr-V-Stähle voll ersetzt werden.

Die Oberflächen der Bolzen müssen aus Passungsgründen möglichst feinbearbeitet sein. Sie werden deshalb zweckmäßig geläppt.

III. Kurbelwellen.

Von Dipl.-Ing. Ernst Mickel, Stuttgart-Bad Cannstatt.

A. Das Belastungsgebirge einer Kurbelwelle.

Die Belastung ist an jedem Punkt der Kurbelwelle verschieden und außerdem mit der Zeit dauernd veränderlich. Trüge man etwa das Drehmoment M über der Länge l der Kurbelwelle und außerdem über der Zeit t auf, so erhielte man in einem dreiachsigen Koordinatensystem als Funktion $M = f(l, t)$ eine vielfach zerklüftete Fläche, die man anschaulich als ,,Belastungsgebirge" der Kurbelwelle bezeichnet.

Das Zustandekommen der Belastung in jeder Kröpfung der Kurbelwelle aus den Kolbenkräften ist in Heft 2 vorliegender Sammlung (*1*) ausführlich dargelegt und soll daher hier als im wesentlichen bekannt vorausgesetzt werden. Wir erkennen, daß der aus den Gas- und Massenkräften resultierende, am Kurbelzapfen angreifende Kräfteanteil auf die Kurbelwellenachse ein *Drehmoment* ausübt, welches sich aus einem gleichmäßigen „mittleren oder Arbeitsdrehmoment" und einem pulsierenden „Blindmoment" zusammensetzt. Letzteres wirkt einmal als direkte pulsierende Belastung der Welle, außerdem aber auch als Erregung für einen Schwingungszustand des Triebwerkes; dieser wirkt seinerseits als weiteres belastendes Moment auf die Kurbelwelle zurück, das wir als „Blindmoment zweiter Art" oder einfach als „Schwingungsmoment" bezeichnen wollen.

Die Verdrehbelastung einer Kurbelkröpfung setzt sich demnach zusammen aus

1. dem mittleren Drehmoment (Arbeitsmoment),
2. dem pulsierenden Drehmoment (Blindmoment I),
3. dem Schwingungsdrehmoment (Blindmoment II).

Ebenso bewirkt die zeitlich nach Größe und Richtung veränderliche Kurbelkraft eine *Biege*belastung der Kurbelkröpfung. Diese hat keine nutzbare Arbeitsleistung zur Folge; sie pulsiert lediglich als Blindbelastung. Sie erregt als solche gleichfalls einen Schwingungszustand, der als „Biegeblindlast zweiter Art" auf die Welle zurückwirkt. Die Biegungsbelastung einer Kurbelkröpfung setzt sich demnach zusammen aus

1. dem pulsierenden Biegemoment (Biegeblindlast I),
2. dem Schwingungsbiegemoment (Biegeblindlast II).

Äußere *Längs*belastungen treten in der Regel nicht auf. Der bei Flugmotoren ohne Getriebe auftretende Schraubenzug wird meistens durch ein Axiallager aufgenommen, welches sich noch vor der vordersten Kröpfung befindet. Auch ist er im Verhältnis so gering, daß er gegenüber den vorher genannten Belastungen vernachlässigt werden kann. Eine axiale Nutzlast oder Blindlast erster Art braucht also nicht berücksichtigt zu werden. Dagegen ist durch die Verkoppelung von Verdrehungs-, Biegungs- und Längsverformung an der Kurbelkröpfung ein Längsschwingungszustand der Kurbelwelle möglich (sog. „Ziehharmonikaschwingungen"). Eine axiale Blindlast zweiter Art muß also bei gewissen Kurbelwellen mit in Betracht gezogen werden.

Im folgenden soll die Verteilung der genannten Belastungsarten über die Kurbelwelle im einzelnen untersucht werden.

1. Das Arbeitsdrehmoment.

Jede Kurbelkröpfung nimmt anteilig von außen einen Teil des Arbeitsdrehmomentes auf, bei einer Kurbelwelle *mit k Kröpfungen* also jede Kröpfung den k-ten Teil des gesamten Arbeitsmoments, so daß das Arbeitsmoment von der letzten bis zur ersten Kröpfung „treppenförmig", d. h. sozusagen linear zunimmt (Abb. 80).

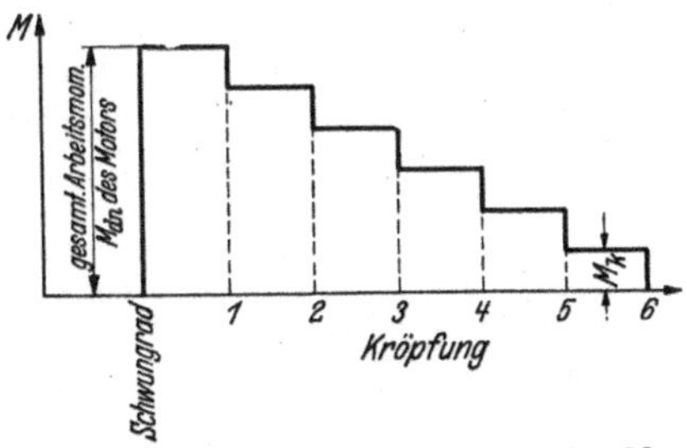

Abb. 80. Verteilung des Arbeitsmomentes M_{dn} über die Länge einer sechsfach gekröpften Kurbelwelle.

Das je Kröpfung zugeführte Arbeitsmoment M_k bestimmt sich aus der Motorleistung N [PS] und der Drehzahl n [U/min] zu

$$M_k = \frac{60}{2\pi n} \cdot 75 \cdot \frac{N}{k} = 71620 \frac{N}{k \cdot n} \text{ [cmkg]}$$

oder aus dem mittleren Druck p_m [kg/cm²] und dem Hubvolumen v [cm³] des Motors bei einem Viertaktmotor zu

$$M_k = \frac{1}{4\pi} \cdot p_m \cdot \frac{v}{k} = 0{,}00795 \frac{p_m \cdot v}{k} \text{ [cmkg]}$$

bzw. bei einem Zweitaktmotor zu

$$M_k = \frac{1}{2\pi} \cdot p_m \cdot \frac{v}{k} = 0{,}01590 \frac{p_m \cdot v}{k} \text{ [cmkg]}.$$

Das gesamte Arbeitsmoment M_{dn} wirkt also nur zwischen der vordersten Kröpfung und dem Schwungrad.

2. Die pulsierende Belastung (Blindlast I).

Außer dem Arbeitsmoment hat die Kurbelwelle ein pulsierendes Drehmoment zu ertragen, welches von den Schwungmassen (Schwungrad, Luftschraube) aufgenommen und durch deren Trägheit in sich ausgeglichen wird. Wir sehen zunächst die Welle als vollkommen starr und masselos an. Dann lassen sich die pulsierenden Drehmomente allein aus der Kinematik des Kurbeltriebes ermitteln. Diese direkt von den Gas- und Massendrücken herrührenden Momente bezeichnen wir als *Blindmomente erster Art.*

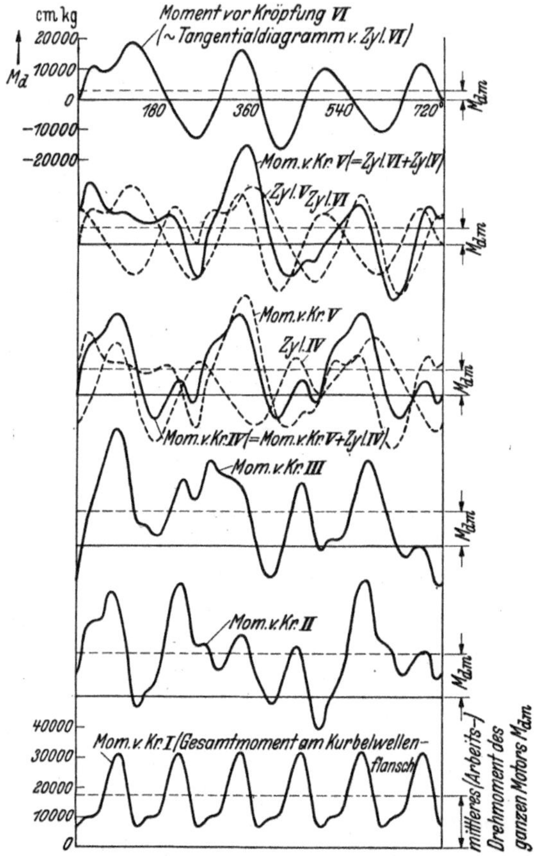

Abb. 81. Überlagerung der pulsierenden Drehmomente in den verschiedenen Kröpfungen eines Sechszylinder-Viertaktmotors. Zündfolge: *1. 5. 3. 6. 2. 4* (ab Kröpfung *III* ist der Übersichtlichkeit halber nur die resultierende Momentenlinie dargestellt).

Wie man diese für die einzelne Kröpfung gewinnt, ist bei NEUGEBAUER ausführlich dargelegt (*1*).

Das in einer bestimmten Kröpfung erzeugte Blindmoment wird an die weiter vorn liegenden Kröpfungen weitergegeben und von diesen zu den ganz vorn liegenden Schwungmassen abgeleitet. Die einzelnen pulsierenden Blindmomente sind natürlich gemäß Kurbelversetzung und Zündfolge in ihrer Phase gegeneinander verschoben. Eine Addition von Blindmomenten zur Bestimmung der Beanspruchung einer weiter vorn gelegenen Kröpfung hat demnach unter Berücksichtigung der Phase zu geschehen. Eine Kröpfung wird außer den an ihr selbst angreifenden Kurbelkräften durch sämtliche hinter ihr erzeugten Momente beansprucht (Abb. 81).

Die Betrachtung der vor der vordersten Kröpfung resultierenden Gesamtdrehkraftlinie von Mehrzylindermaschinen könnte den Eindruck erwecken, als ob mit steigender Zylinderzahl die Blindmomente ungefährlicher und die Beanspruchungen gleichmäßiger würden. Dies trifft aber nur für das nach außen, d. h. auf die Schwungmassen wirkende Drehmoment zu; hier ist auch kein Einfluß der Zündfolge zu erkennen. Für die Beanspruchung der einzelnen Kröpfungen dagegen ist die Zündfolge von besonderer Bedeutung.

Die praktische Durchführung der Addition geschieht zweckmäßig dadurch, daß man das Drehkraftdiagramm für einen einzelnen Zylinder von einem Blatt mit Koordinatenteilung abpaust und die Pause jeweils um die entsprechende Phase weiterschiebt. Auf diese Weise ist die Arbeit für den ganzen Motor auch bei größerer Kröpfungszahl in wenigen Minuten zu bewerkstelligen.

Es ist übrigens möglich, die Ermittlung der auf die einzelnen Kröpfungen wirkenden Blindmomente dadurch zu vereinfachen, daß man eine vektorielle Darstellungsweise benutzt. Man muß hierbei nur die Überlagerung für jede Harmonische der Drehkraft gesondert durchführen (Abb. 82 und 83), gewinnt aber hierdurch einen klaren Überblick, wie die einzelnen Harmonischen sich teils überlagern, teil gegenseitig aufheben, so daß am Schwungrad nur noch ein verhältnismäßig geringer Rest übrigbleibt.

Abb. 84 zeigt die Verteilung der Blindmomente erster Art bei einigen typischen Zylinderzahlen und -anordnungen, wobei zu berücksichtigen ist, daß die hier gezeigten örtlichen Höchstwerte nicht immer an allen Stellen zu gleicher Zeit auftreten.

Es wurde bereits angedeutet, daß die Gas- und Massenkräfte auf die Kurbelkröpfungen nicht nur Drehmomente ausüben, sondern dieselben auch auf *Biegung* beanspruchen. Hierfür ist die Radialkomponente der Kurbelkraft maßgebend. Abb. 85 zeigt das Radialkraftdiagramm eines einzelnen Zylinders (*1*).

Die Behandlung der Biegekräfte an mehrfachgekröpften Kurbelwellen ist nun an sich wesentlich verwickelter als die der Drehmomente, da es sich hierbei um dauernd veränderliche statisch

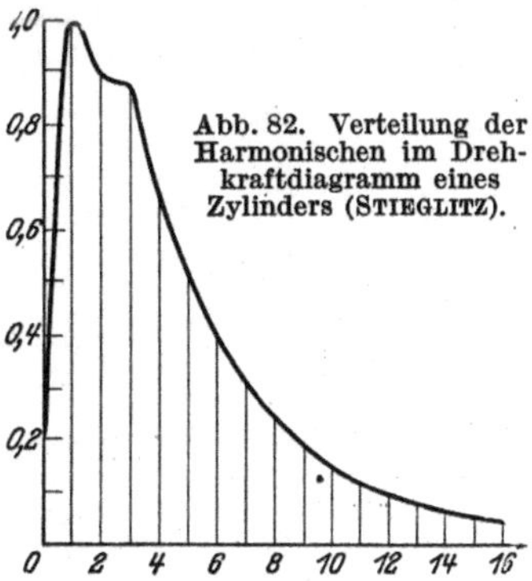

Abb. 82. Verteilung der Harmonischen im Drehkraftdiagramm eines Zylinders (STIEGLITZ).

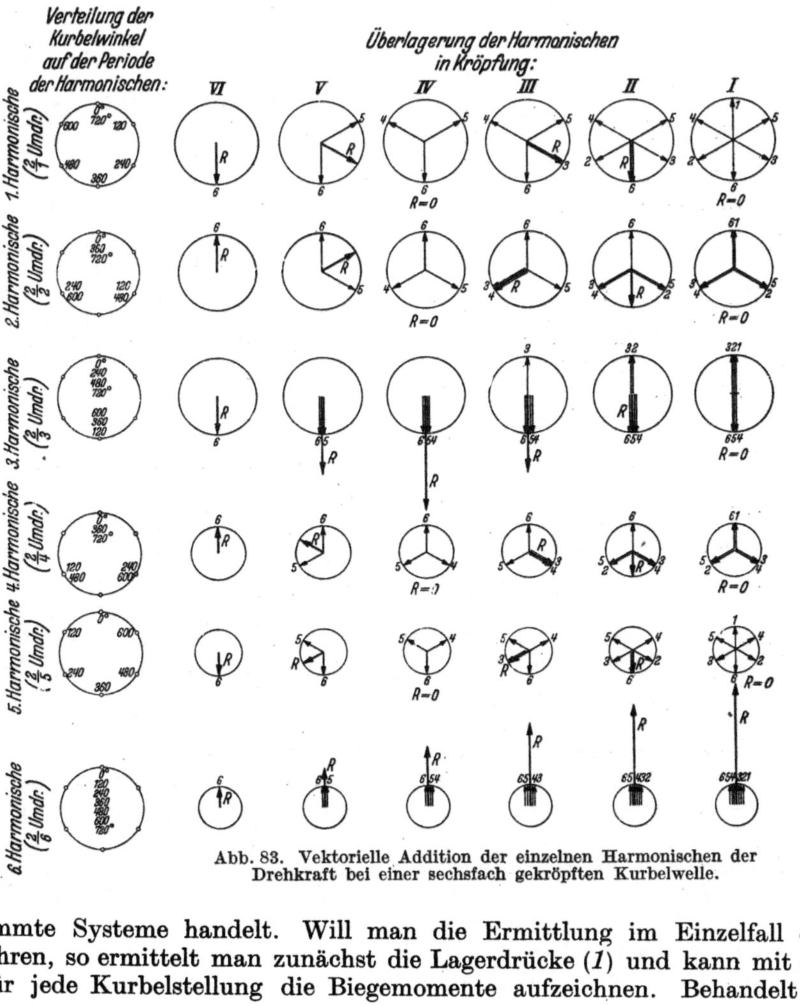

Abb. 83. Vektorielle Addition der einzelnen Harmonischen der Drehkraft bei einer sechsfach gekröpften Kurbelwelle.

unbestimmte Systeme handelt. Will man die Ermittlung im Einzelfall exakt durchführen, so ermittelt man zunächst die Lagerdrücke (*1*) und kann mit deren Hilfe für jede Kurbelstellung die Biegemomente aufzeichnen. Behandelt man aber jeden Kurbelwellenabschnitt zwischen zwei Hauptlagern für sich als „Balken auf zwei Stützen", so bekommt man wesentlich einfachere Verhältnisse. Die Einbuße an Genauigkeit gegenüber der „exakten" Methode ist nicht erheblich, da bei jener in dem punktförmigen Lastangriff, der Unnachgiebigkeit der Lager und dem Ersatz der Kröpfung durch einen geraden Stab gleichfalls stark vernachlässigende Annahmen gemacht werden müssen, ohne die eine rechnerische Behandlung der Aufgabe sozusagen unmöglich ist. Wir nehmen also für die Berechnung der Kurbelwelle im allgemeinen an, daß ein Biegemoment nicht durch ein Hauptlager hindurchgeht.

Die Überlagerung von in der Phase gegeneinander verschobenen pulsierenden Biegemomenten wird natürlich dann von Bedeutung,

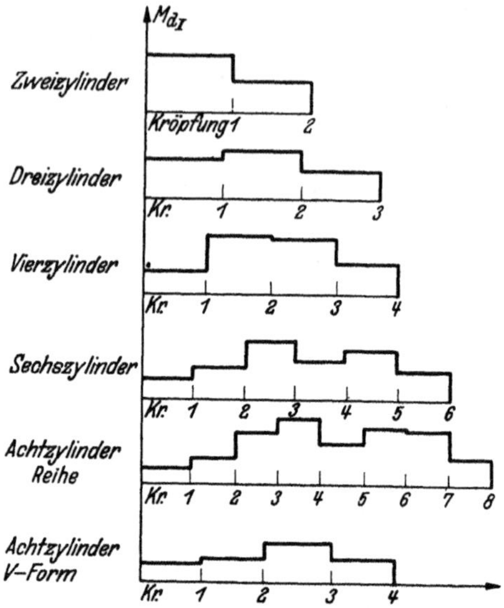

Abb. 84. Verteilung der Blindmomente *I* über die Längen verschiedener Kurbelwellen.

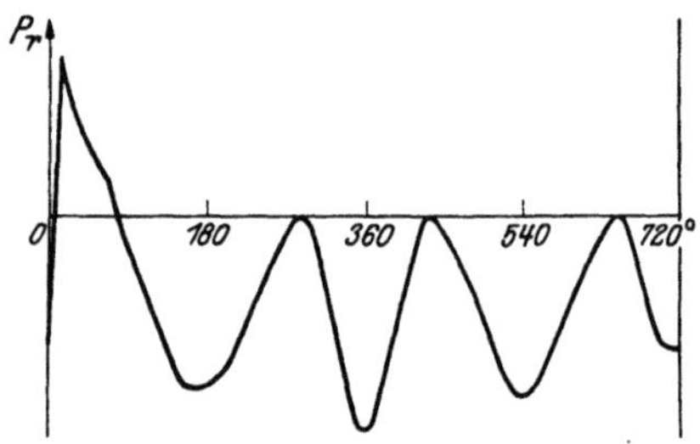

Abb. 85. Radialkraftlinie eines einzelnen Zylinders (NEUGEBAUER).

wenn sie zwischen je zwei Hauptlagern mehrere Zylinder befinden, also bei Kurbelwellen mit mehr als einer Kröpfung zwischen je zwei Hauptlagern, sowie bei V- und Sternmotoren. In diesem Fall geht die Addition ganz analog dem für die Drehmomente dargestellten Verfahren vor sich, so daß wir sie hier nicht gesondert vorzuführen brauchen.

3. Schwingungen (Blindlast II).

Durch die hier dargelegte pulsierende Belastung wird die Kurbelwelle zu Eigenschwingungen angeregt, d. h. dem Arbeitsmoment und der Blindbelastung überlagert sich eine Schwingungsbelastung. Da die Schwingungsbelastung letzten Endes gleichfalls eine Blindbelastung ist, bezeichnen wir (zur besseren Unterscheidung von der durch die pulsierende Kurbelkraft gegebenen, von der Eigenfederung der Welle unabhängigen Blindbelastung erster Art) die durch die Eigenschwingungen der Welle verursachte Belastung als *Blindlast zweiter Art.*

Die Höhe der Schwingungslast hängt in starkem Maße von dem Verhältnis zwischen der jeweiligen Drehzahl und der *Eigenschwingungszahl* der Kurbelwelle ab. Sie ist um so größer, je mehr sich diese beiden Zahlen einander nähern; den Fall völliger Übereinstimmung zwischen der Drehzahl und einer Eigenschwingungszahl bezeichnen wir als *Resonanz.* Im Falle der Resonanz werden die Schwingungsausschläge und damit die Schwingungsbelastung so groß, daß die Kurbelwelle in der Regel sehr bald zu Bruch geht. Man bezeichnet daher solche Drehzahlen, bei denen Eigenschwingungszahlen der Welle in Resonanz angeregt werden, als *kritische Drehzahlen.* Es ist also unsere Aufgabe, die Drehzahl und die Eigenschwingungszahl möglichst weit voneinander fernzuhalten. Vor allem ist es dazu notwendig, die Eigenschwingungszahlen der Kurbelwelle, also die kritischen Drehzahlen, zu kennen.

Die Eigenschwingungszahlen hängen nach den Gesetzen der Schwingungslehre mit der Federung und der Massenverteilung auf der Kurbelwelle zusammen. Ihre Ermittlung, die nach bestimmten Rechenrezepten vorgenommen werden kann, soll in einem späteren Heft dieser Reihe behandelt werden. Hier mögen folgende allgemeine Hinweise genügen:

1. Entsprechend dem verschiedenen Verhalten der Welle gegenüber Verdreh- und Biegebeanspruchung gibt es Verdreh- und Biegeeigenschwingungszahlen, die in der Regel voneinander verschieden sind. Die entsprechenden Drehzahlen bezeichnet man als *Drehkritische* und als *Biegekritische*.

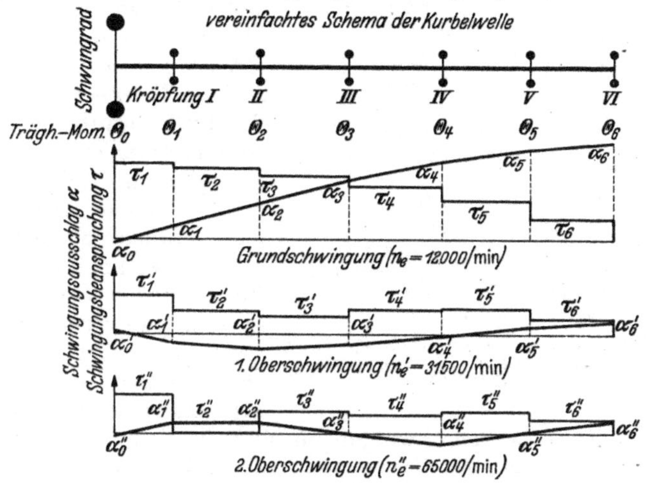

Abb. 86. **Schwingungsformen und Schwingungsbeanspruchungen einer sechsfach gekröpften Kurbelwelle.**

2. Entsprechend den verschiedenen Möglichkeiten der auf der Kurbelwelle sitzenden Massen, miteinander oder gegeneinander zu schwingen, spricht man von verschiedenen *Schwingungsformen* (Abb. 86). Im allgemeinen gibt es so viele Schwingungsformen wie einzelne Massen. Zu jeder Schwingungsform gehört eine besondere Eigenschwingungszahl. Jede dieser Eigenschwingungszahlen ist, wenn sie Drehzahl wird, eine kritische Drehzahl.

3. Jede der in der pulsierenden Blindlast (erster Art) enthaltenden *höheren Harmonischen* wirkt als Erregung von Schwingungen. Jede Drehzahl ist also dann als kritisch zu bezeichnen, bei welcher irgendeine der höheren Harmonischen der pulsierenden Drehkraft mit irgendeiner Eigenschwingungszahl übereinstimmt. Entsprechend ihrer gegenseitigen Phasenlage können sich natürlich einzelne Harmonische an verschiedenen Kröpfungen teilweise aufheben und sind dann verhältnismäßig ungefährlich; andere können sich überlagern und sind dann besonders gefährlich. Es gibt einfache Regeln, nach welchen man bei den verschiedenen Maschinenarten leicht erkennen kann, welche Harmonischen besonders ungefährlich und welche besonders gefährlich sind.

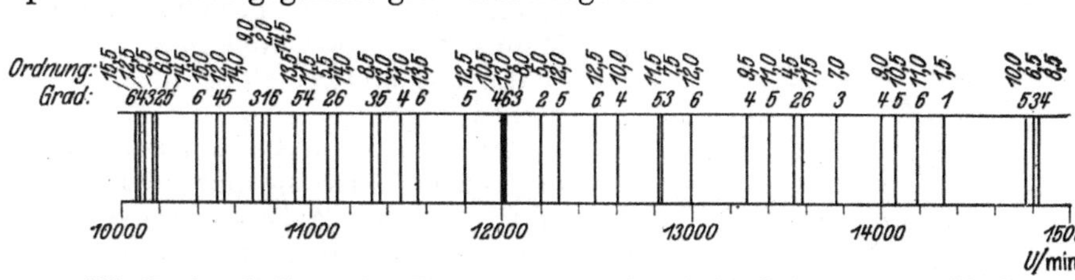

Abb. 87. **Ausschnitt aus dem Frequenzspektrum eines Sechszylinder-Lastwagen-Diesels.**

4. Man sieht hieraus, daß jede Kurbelwelle theoretisch eine große Anzahl kritischer Drehzahlen besitzt, deren Gesamtheit in Anlehnung an ähnliche Verhältnisse in der Optik als *Frequenzspektrum der Kurbelwelle* bezeichnet wird (Abb. 87). Das Frequenzspektrum bedarf noch der Ergänzung durch Angabe, wie heftig sich

die Erregung auf die einzelnen Schwingungszahlen auswirkt. Erst in dieser Form läßt es deutlich erkennen, welche Drehzahlen als Betriebsdrehzahlen zu meiden sind[1].

5. Das Schwingungsverhalten der Kurbelwelle ist von den elastischen Eigenschaften der *ganzen Baugruppe* abhängig. Bei Maschinen mit Schwungrad (also bei Kraftwagenmotoren) kann man zur Berechnung der Drehschwingungen die Kurbelwelle als „fest eingespannt“ auffassen, wodurch die Schwingungsberechnung sich vereinfacht. Bei Flugmotoren erscheinen die Drehschwingungen der Kurbelwelle mit den Biegeschwingungen der Luftschraube gekoppelt; hier sind also die Resonanzstellen mit diesen mit der Drehzahl veränderlich.

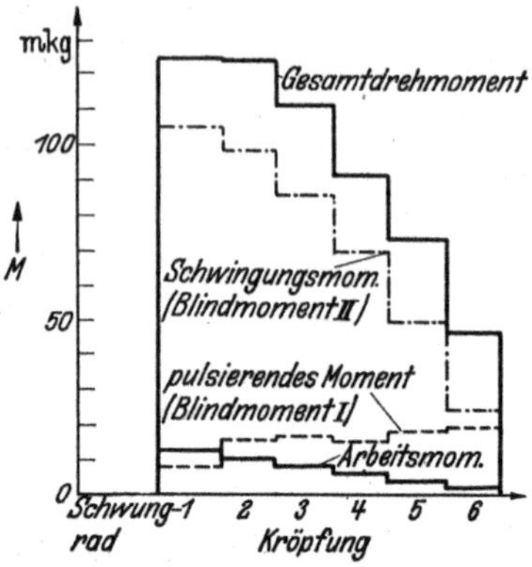

Abb. 88. Gesamte Verdrehbeanspruchung der Kurbelwelle eines 2,5-l-Fahrzeugmotors (CORNELIUS).

Die Höhe der Schwingungsbeanspruchung hängt außer von der Lage der Drehzahl im Frequenzspektrum der Welle natürlich in erster Linie von der Höhe der Erregung ab. Da diese in den pulsierenden Blindlasten erster Art besteht, so gehört die Ermittlung der Blindkräfte erster Art in den Rahmen einer vollständigen Schwingungsrechnung.

Kurbelwellenschwingungen sind als dauernde Gefahrenquelle in jedem Falle unerwünscht. Als *Gegenmaßnahmen* stehen folgende Möglichkeiten zur Verfügung:

a) Bekämpfung der Schwingungserregung,
b) Dämpfung entstehender Schwingungen,
c) „Verstimmung“ des Schwingungsgebildes.

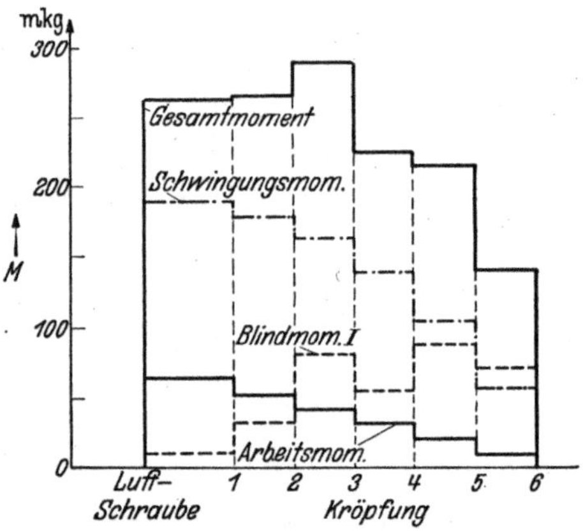

Abb. 89. Gesamte Verdrehbeanspruchung einer Sechszylinder-Flugmotor-Kurbelwelle (LÜRENBAUM).

Eine *Bekämpfung der Schwingungserregung* ist nur in beschränktem Maße möglich, etwa durch Veränderung des Arbeitsdiagramms, der Pleuelstangenlänge oder der Zündfolge. Besonders von letzterer Möglichkeit macht man gelegentlich Gebrauch, während die beiden erstgenannten Maßnahmen schon unliebsam stark in die Gestaltung anderer Baugruppen hinüberwirken würden.

Dagegen wird die *Schwingungsdämpfung* bei Kraftwagenmotoren heute in umfangreichem Maße angewendet, besonders bei teuren Wagen oder bei sehr schnell drehenden Motoren. In Flugmotoren verwendet man mit Erfolg sog. „Innendämpfer“, die den Vorteil haben, das Gesamtgewicht nicht nennenswert zu erhöhen. Im übrigen kann dem Gesichtspunkt der Schwingungsdämpfung in geringem Maße schon bei der Wahl des Werkstoffs Rechnung getragen werden (vgl. S. 89).

[1] In Wirklichkeit handelt es sich nicht um ganz so scharf begrenzte Eigenfrequenzen, wie es nach Abb. 87 den Anschein haben möchte, sondern mehr um eine Art „Bandenspektrum“. Die während der Umdrehung dauernd veränderliche Stellung von Pleuel und Kolben relativ zur Kurbelwelle wirkt sich nämlich mathematisch wie eine periodisch veränderliche Schwungmasse aus. Für die praktische Berechnung ist dies jedoch ohne Belang.

Die wirksamsten Maßnahmen sind zweifellos diejenigen, welche sich unter dem Sammelbegriff „*Verstimmung des Schwingungsgebildes*" zusammenfassen lassen. Hierunter versteht man jegliche Maßnahme zur Veränderung der Resonanzschwingungszahlen mit dem Ziel, dieselben aus den Betriebsdrehzahlbereichen hinauszuverlegen. Am einfachsten ist eine *Verstärkung aller Kurbelwellenabmessungen* zur Erhöhung der Steifigkeit bis zu einem Betrag, daß die höchste im Betrieb auftretende Drehzahl mit Sicherheit weit unter der niedrigsten Eigenschwingungszahl liegt. Bei Kurbelwellen mit nicht mehr als vier Kröpfungen ist dies meistens auch die zweckmäßigste Maßnahme. Weiterhin kommen in Frage Verkleinerung des Hubs (da mit einer Hubverkürzung die Steifigkeit der Welle stark zunimmt) oder Verringerung der Massen (Pleuel, Kolben usw.), Maßnahmen, bei denen es allerdings ohne starken Eingriff in der Gestaltung anderer Baugruppen nicht abgeht.

Die erforderliche Verstärkung der Abmessungen würde bei längeren Wellen vom Standpunkt der Nutzlast aus zu derart hoch überdimensionierten Abmessungen führen, daß sie wegen des großen Werkstoffbedarfs, bei Flugmotoren vor allem wegen des hohen Gewichts nicht tragbar wäre. Hier hilft man sich oft durch *Erniedrigung der Resonanzschwingungszahlen* bis in Gebiete, die als Betriebsdrehzahlen nicht in Frage kommen und die dann evtl. durch „rote Striche" auf dem Geschwindigkeitsmesser oder andere Maßnahmen für das Bedienungspersonal „gesperrt" werden. Man erreicht eine solche Erniedrigung durch Zuschalten elastischer Glieder, z. B. federnder Luftschraubennaben, durch Vergrößerung der mitschwingenden Massen (Gegengewichte) oder durch Anlenkung weiterer Schwingungsgebilde, die nach dem Prinzip des Schlingertanks die Resonanzschwingungen „auf sich ziehen", wodurch im günstigsten Fall die „Hauptmasse", also die Kurbelwelle, völlig ruhig bleibt. Gern verwendet man als derartige Zusatzsysteme die Gegengewichte, die dann beweglich angehängt werden; da hierbei die „Rückstellkraft" der Drehzahl proportional ist, erstreckt sich die schwingungstilgende Wirkung gleichmäßig über den ganzen Drehzahlbereich. Dies ist das Prinzip des sog. *Taylorpendels* (*42*).

Es möge erwähnt sein, daß bei allen diesen Maßnahmen auf sämtliche als Erregung in Frage kommenden Harmonischen Rücksicht genommen werden muß, damit nicht durch Ausschaltung einer bestimmten, als gefährlich erkannten Harmonischen unter Umständen eine andere vielleicht noch gefährlicher wird.

B. Die Beanspruchung einer Kurbelwelle bei gegebener Belastung.

Die im ersten Abschnitt entwickelte Belastung der Kurbelwelle ruft in der Welle eine Beanspruchung hervor, welche im folgenden näher untersucht werden soll.

Da die Bezeichnungsweise der einzelnen Elemente der Kurbelwelle im Schrifttum nicht ganz einheitlich ist, sei zur Vermeidung von Mißverständnissen in Abb. 90 die von uns angewendete Bezeichnung für die wichtigsten Formelemente angedeutet.

1. Grundsätzliches.

Eine mehr als zweimal gelagerte Kurbelwelle stellt ein *statisch unbestimmtes System* dar. Ja sogar eine nur zweimal gelagerte Welle müßte eigentlich wegen der Länge der Lager und des begrenzten Lagerspiels als beiderseits (wenigstens teilweise) eingespannter „Balken" betrachtet werden. Für die praktische Berechnung genügt es zum mindesten bei nur zweimal gelagerten Wellen, die Verhältnisse eines zweimal unterstützten Balkens zugrunde zu legen. Aber auch bei den mehr als zweimal gelagerten Kurbelwellen würde das Problem durch etwaige

Berücksichtigung der statischen Unbestimmtheit derartig undurchsichtig werden, daß es, wie schon angedeutet, zweckmäßig ist, auch hier jeden einzelnen Abschnitt zwischen je zwei Hauptlagern als „Balken auf zwei Stützen“ aufzufassen. Dies erscheint vor allem deshalb gerechtfertigt, weil es sich bei diesen ganzen

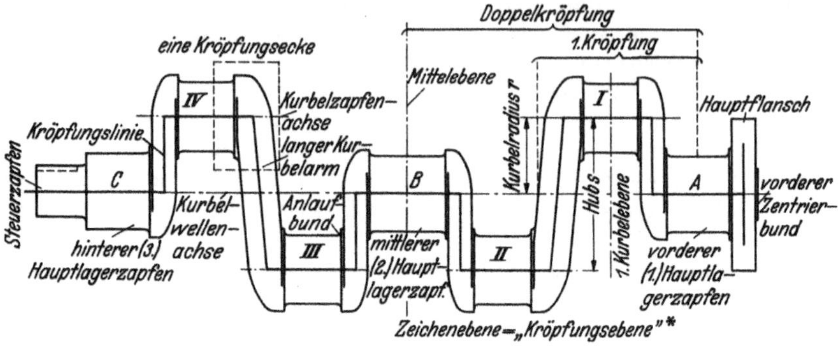

Abb. 90. Bezeichnungsweise der Kurbelwellenelemente am Beispiel einer Vierzylinder-Kurbelwelle.

Betrachtungen um Vergleichsrechnungen handelt und die scheinbare Unkorrektheit, als in den „zulässigen Nennspannungen“ und der „erforderlichen Gestaltfestigkeit“ mit enthalten, sich wieder eliminiert.

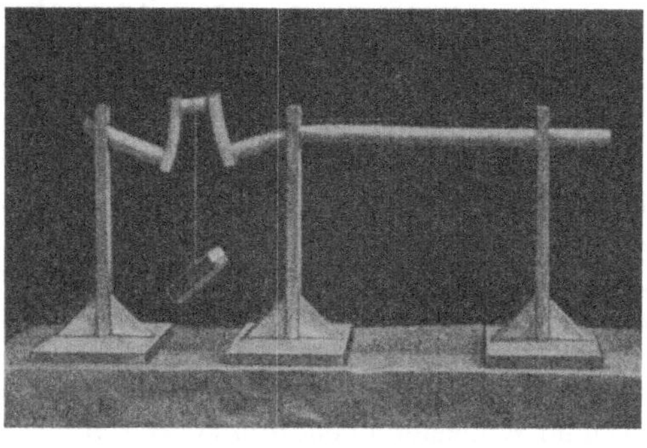

Abb. 91. Modell zur Veranschaulichung der Verformung einer Kurbelkröpfung (Ensslin).

Trotzdem ist es natürlich wünschenswert, sich wenigstens qualitativ klarzumachen, wie die Beanspruchung sich in Wirklichkeit verteilt, und hierzu sei vor allem auf die ausgezeichnet anschaulichen Verformungsmodelle von Ensslin (*43*) verwiesen (Abb. 91).

Wir betrachten nunmehr zunächst den Fall, daß sich zwischen zwei Hauptlagern *eine Kröpfung* befindet (Abb. 92), und stellen uns die Aufgabe, alle auf diese Kröpfung wirkenden Momente zu bestimmen. Unter Berücksichtigung der Ergebnisse des vorigen Abschnitts sehen wir, daß es sich hierbei im wesentlichen handelt um

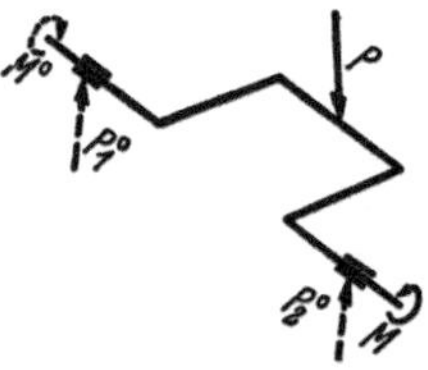

Abb. 92. Vereinfachtes Belastungsschema einer Kurbelkröpfung zwischen zwei Hauptlagern. (Der Index ^{0} bedeutet Reaktionskräfte bzw. Reaktionsmomente.)

1. eine periodisch veränderliche Kraft P auf den Kurbelzapfen, die *in* der Kurbelebene und im allgemeinen schräg zur Kröpfungsebene wirkt,

2. ein periodisch veränderliches Drehmoment M auf das Ende des einen Hauptlagerzapfens (in Abb. 92 rechts angenommen), das von der (rechts) daneben befindlichen Kröpfung herrührt und durch die betrachtete Kröpfung hindurchgeleitet wird.

Die Kraft P und das Moment M pulsieren, wie im vorigen Abschnitt dargelegt ist, nach einem bestimmten zeitlichen Ablauf. Man könnte nun für jeden Augenblick der Drehung unter Berücksichtigung der augenblicklich herrschenden Kraft- und Momentwirkung eine Festigkeitsrechnung durchführen und bekäme damit den genauen zeitlichen Ablauf der Beanspruchung der Kröpfung. Aber nur in wenigen dieser Augenblicke hätte die Beanspruchung denjenigen Höchstbetrag, der für die *Bemessung* der Kurbelwelle maßgebend ist. Da man diese kritischen Augenblicke innerhalb einer Belastungsperiode meist ziemlich genau kennt, kann man also im allgemeinen auf die Ermittlung des *ganzen* zeitlichen Ablaufs der Beanspruchungen verzichten und sich auf die wesentlichen Augenblicke beschränken.

Sofern diese kritischen Augenblicke nicht aus der Charakteristik des Motors bekannt sind, genügt es für eine überschlägliche Rechnung meist, zwei charakteristische Kurbelstellungen herauszugreifen:

1. den oberen Totpunkt, in welchem die Kröpfung durch den höchsten Verbrennungsdruck P_{max}, vermindert um die Massenkräfte, auf Biegung beansprucht wird;

2. die Kurbelstellung etwa 35° nach dem oberen Totpunkt, bei welcher erfahrungsgemäß (*44*) das größte Drehmoment durch eine Tangentialkraft $P_t \sim 0{,}4\, P_{max}$ erzeugt wird; dieses fügt sich dem von den übrigen Kröpfungen herrührenden, durch die betrachtete Kröpfung nur hindurchgeleiteten Drehmoment M in besonderer Weise hinzu. (Gleichzeitig wirkt eine Radialkraft $P_R \sim 0{,}5\, P_{max}$ auf Biegung, die aber in diesem Zusammenhang meist vernachlässigt werden kann.)

2. Die Beanspruchung einer Kröpfung auf Biegung.

Die zeitlich veränderliche Radialkomponente der Pleuelstangenkraft P_r erzeugt in jedem Augenblick ein Biegemoment M_b. Nehmen wir die Kröpfung wie verabredet als Balken auf zwei Stützen an, so verläuft das Biegemoment über die Länge

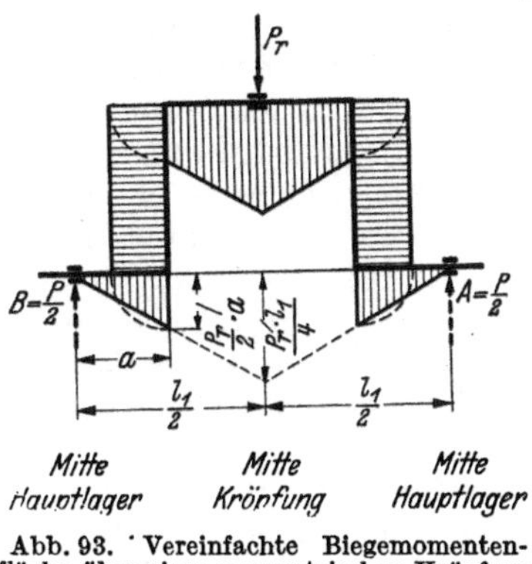

Abb. 93. Vereinfachte Biegemomentenfläche über einer symmetrischen Kröpfung.

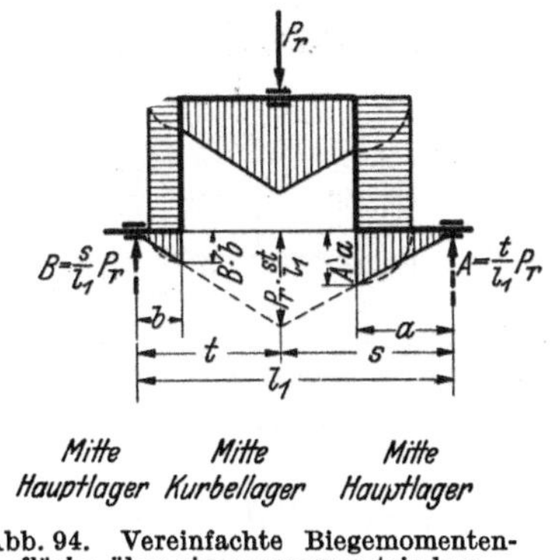

Abb. 94. Vereinfachte Biegemomentenfläche über einer unsymmetrischen Kröpfung.

der Kröpfung gemäß Abb. 93. Der Berechnung legt man den ungünstigsten Fall zugrunde, nämlich den, daß $P_r = P_{max}$ ist; P_{max} entnimmt man dem Radialdruckdiagramm. Zunächst bestimmt man die Auflagerkräfte, die im Falle symmetrischer Kröpfung je gleich $P_r/2$ sind. An einer beliebigen Stelle der Kröpfung, deren axialer Abstand von der nächstliegenden Hauptlagermitte gleich x ist, ist das Biegemoment $M_b = P_r/2 \cdot x$. Man sieht, daß längs eines Kurbelschenkels das Biegemoment gleich ist $M_b = P_r/2 \cdot a$.

Im Falle unsymmetrischer Kröpfung oder mehrerer Kröpfungen zwischen zwei Hauptlagern ist die Ermittlung des Biegemoments fast genau so einfach, solange alle Kraftangriffspunkte in einer Ebene liegen. Abb. 94 und 95 zeigen, wie man vorzugehen hat. Der Fall, daß sich zwischen zwei Hauptlagern mehrere Kröpfungen befinden, die *nicht* in einer Ebene liegen, wird auf S. 76 behandelt.

Man findet die Biegebeanspruchung σ_b an jeder Stelle der Kröpfung aus dem an dieser Stelle herrschenden Biegemoment M_b [cmkg] und dem Widerstandsmoment W_b [cm^3] des entsprechenden Querschnitts gemäß $\sigma_b = M_b/W_b$. Man spricht bei σ_b von einer „Nennspannung“, weil die wirkliche Spannung von der Verteilung der Beanspruchung über das Werkstoffvolumen abhängt, welche aus vorstehendem Rechnungsgang noch nicht hervorgeht (vgl. S. 82). *Die Nennspannung σ_b ist daher nur als erster Anhaltspunkt für die an dieser Stelle herrschende Beanspruchung zu betrachten.*

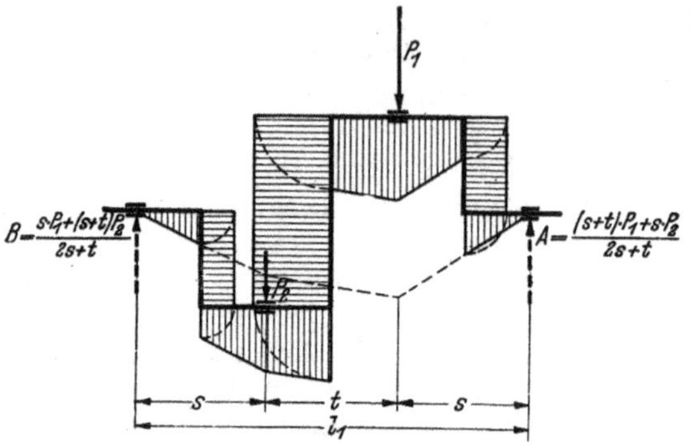

Abb. 95. Vereinfachte Biegemomentenfläche über einer ebenen Doppelkröpfung.

Daß die Biegebeanspruchung sich einer gleichzeitigen Verdrehbeanspruchung überlagert, ist für die Berechnung so gut wie bedeutungslos. Auf diese Frage wird auf S. 76 näher eingegangen.

3. Die Beanspruchung einer Kurbelkröpfung auf Verdrehung.

Wird durch eine Kurbelkröpfung, deren Verformung in keiner Weise behindert ist (d. h. die sich in ihren Lagern nach allen Seiten frei bewegen kann), ein Drehmoment hindurchgeleitet, so bezeichnet man diese Art der Beanspruchung als *Torsion erster Art* (*43*). Die entsprechende Momentenfläche ist in Abb. 96 perspektivisch dargestellt. Das über die ganze Länge der Kröpfung gleichbleibende Moment M_d wirkt auf Haupt- und Kurbelzapfen in gleicher Weise mit seinem vollen Betrag als Drehmoment, während die Kurbelwange von einem Moment gleicher Größe auf Biegung über die hohe Kante beansprucht wird. Diese Art der Verdrehbeanspruchung wurde bisher meist allein betrachtet, wenn es sich um die Berechnung einer Kurbelwelle handelte.

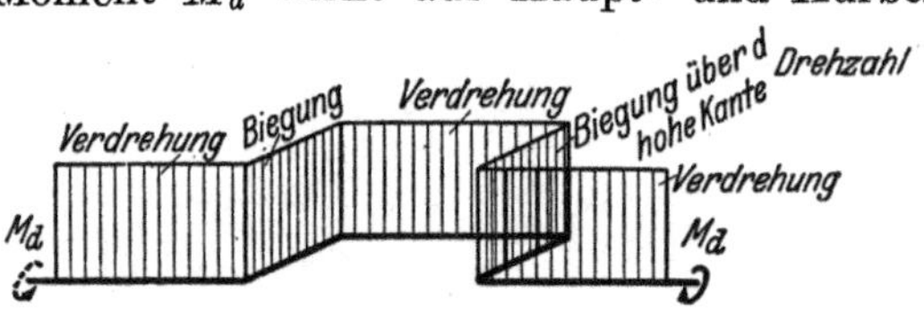

Abb. 96. Durchleitung eines Drehmomentes durch eine Kröpfung (Momentenfläche bei „Torsion erster Art“). Das Biegemoment in den Wangen ist gleich dem konstanten Drehmoment M_d.

Überlegen wir uns aber, auf welche Weise das Drehmoment aus der Pleuelstangenkraft entsteht, so erkennen wir einen Beanspruchungszustand, der von der reinen Torsion erster Art erheblich abweicht (Abb. 97). Der Kurbelzapfen wird hier durch ein Drehmoment $M_d = \frac{P_t \cdot r}{2}$ beansprucht, dem sich ein Biegemoment $M_b = \frac{P_t \cdot l}{4}$ überlagert.

Dieser Unterschied ist von besonderer Bedeutung bei der Berechnung der Drehsteifigkeit im Zusammenhang mit der Schwingungsberechnung einer Kurbelwelle, und Grammel (*45*) wurde hierdurch zu seiner Definition einer *Torsion zweiter Art* veranlaßt. Unter Torsion zweiter Art versteht Grammel einen Belastungsfall, bei dem an zwei nebeneinanderliegenden Kröpfungen zwei gleich große Pleuelstangenkräfte in entgegengesetztem Drehsinn angreifen. Hierbei würde sich rechnerisch eine etwa doppelt so große Verdrehsteifigkeit und damit eine erheblich höhere Eigenschwingungszahl ergeben als beim Rechnen mit reiner Torsion erster Art.

Daß diese Torsion zweiter Art mit dem in Abb. 97 dargestellten Fall der Entstehung eines Drehmomentes aus einer Pleuelstangenkraft gleichbedeutend sei, ist eine häufig auftretende Verwechslung im einschlägigen Schrifttum. Nach GRAMMEL wäre dieser Fall als „gemischte Torsion" zu bezeichnen, da man ihn als eine Überlagerung aus Torsion erster und zweiter Art deuten kann. Da aber als „*gemischte Torsion*" jede beliebige Überlagerung aus Torsion erster und zweiter Art verstanden wird, so wäre für diesen wohldefinierten wichtigen Sonderfall eine besondere Bezeichnung zweckmäßiger. Will man nicht etwa eine Benennung wie „*Torsion dritter Art*" wählen, so ist „*Erzeugung eines Drehmomentes aus einer Pleuelstangenkraft*" eine eindeutige und unmißverständliche Bezeichnung.

Die Momentenfläche einer Kröpfung, in der die Pleuelstangenkraft ein Drehmoment erzeugt, wie in Abb. 97 dargestellt ist, kommt folgendermaßen zustande: Man bestimmt zunächst die Lagerreaktionskräfte und das Reaktionsmoment am Ende der Kröpfung. Wir nehmen die Kröpfung symmetrisch an, so daß $A_t = B_t = P_t/2$ und $M = P_t \cdot r$. Geht man nun bei der Bestimmung des jeweiligen Momentes von rechts nach links, so könnte man für jeden Punkt X der Kröpfung das Moment $A_t \cdot x$ bestimmen; da aber die Richtung des so bestimmten Momentes entsprechend der Richtung von x im allgemeinen schräg zum Querschnitt läge, so wäre das Ergebnis nicht sehr übersichtlich. Man betrachtet daher zweckmäßig die Verdrehung der Kröpfung (Abb. 97a) und die Biegung (97b) gesondert und überlagert erst die am Schluß sich ergebenden Beanspruchungen. Im Hauptlagerzapfen ergibt sich zwischen dem Lager A und der ersten Ecke kein Drehmoment, wohl aber ein linear ansteigendes Biegemoment (b). Über die Länge des Kurbelarms bleibt das Biegemoment der Ecke gleich, wenn es auch jetzt auf den Arm *verdrehend* wirkt (b); dazu kommt, von der Verdrehung der Kröpfung herrührend, ein Moment, das bis zum Betrage $A_t \cdot r$ linear ansteigt (a) und auf den Kurbelarm als *Biegung* über die hohe Kante wirkt. Am Kurbelzapfen *dreht* das Moment $A_t \cdot r$, während gleichzeitig das Biegemoment M_b weiter ansteigt. Wie die Momente sich von hier an fortsetzen, ist aus Abb. 97 ohne weiteres verständlich.

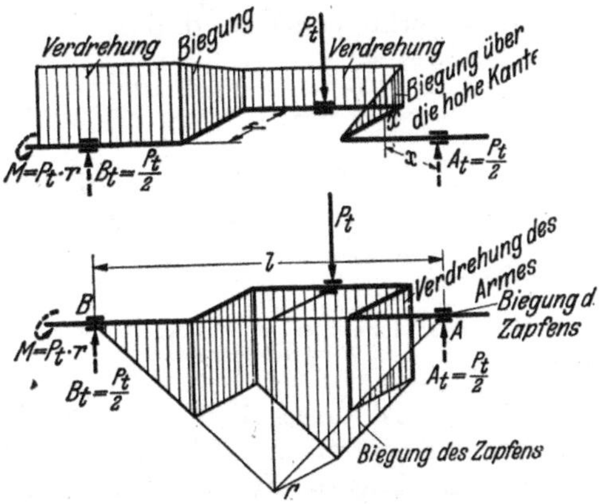

Abb. 97. Erzeugung des Drehmomentes durch die Pleuelstangenkraft. Hierbei überlagert sich der Verdrehung (*a*) eine Biegung senkrecht zur Kröpfungsebene (*b*).

Die gesamte Verdrehbeanspruchung einer Kröpfung setzt sich zusammen aus dem von rechts nach links lediglich durchgeleiteten Drehmoment (das sich aus der Summe der Arbeitsmomente, Blindmomente I und Schwingungsmomente hinter der Kröpfung ergibt) gemäß Abb. 96 und dem hier neu entstehenden Drehmoment gemäß Abb. 97a, dem sich eine Biegung senkrecht zur Kröpfungsebene gemäß Abb. 97b überlagert. Die entsprechenden Nennspannungen $\sigma_b = M_b/W_b$ bzw. $\tau = M_d/W_d$ sind einfach zu addieren. Bei sehr schnellaufenden Maschinen kann die Biegebeanspruchung, die mit der „gemischten Torsion" verbunden ist, meistens vernachlässigt werden.

In Wirklichkeit hat natürlich auch die Lagerlänge und das Lagerspiel einen Einfluß auf die Verteilung der Dreh- und Biegemomente. Das kann man sich aus folgender Überlegung sehr anschaulich klarmachen: Man kann sich vorstellen, daß der Kurbelzapfen in der Mitte durchgebrochen sei und nur durch die Pleuellagerschale zusammengehalten wird. Drehmomente können jetzt vom Kurbelzapfen nicht aufgenommen werden, und trotzdem sind solche Kröpfungen (wie auch die Erfahrung zeigt) in der Lage, das Arbeitsmoment weiterzuleiten.

Es besteht wohl die Möglichkeit, auf mathematischem Wege alle diese statischen Unbestimmtheiten zu erfassen, doch überschreitet das bei weitem die Aufgabe des gestaltenden Ingenieurs. Die vereinfachenden Annahmen statischer bestimmter

Lagerung und punktförmigen Lastangriffs genügen im vorliegenden Rahmen völlig zur Berechnung der Verdreh-Nennbeanspruchung.

Bei Kurbelwellen mit mehreren Kröpfungen zwischen zwei Hauptlagern sind die Verhältnisse grundsätzlich die gleichen, und die Aufstellung der entsprechenden Momentenflächen ist nach dem oben ausgeführten auch hier nicht schwierig. Daß neben der Verdrehbeanspruchung gleichzeitig eine Biegung *in* der Kröpfungsebene herrscht, die von der Radialkomponente der Pleuelstangenkraft herrührt, ist für die praktische Berechnung meist belanglos.

4. Überlagerung von Biegung und Verdrehung.

Bei schnellaufenden Motoren ist es in der Regel, wie bereits angedeutet, nicht notwendig, die in der Kröpfung aus Biegung und Verdrehung zustande kommenden „ideellen Spannungen" zu berechnen. Es genügt vielmehr, die Berechnung einer Kurbelwelle auf Biegung und Verdrehung je gesondert durchzuführen. Anders ist dies nur, wenn aus irgendeiner Ursache Verdrehung und Biegung derart miteinander verkoppelt sind, daß die Höchstwerte beider Beanspruchungsarten räumlich und zeitlich nahe zusammentreffen. Bereits bei der Entstehung des Drehmomentes aus der Kurbelkraft (der „gemischten Torsion") lernten wir einen solchen Fall kennen. Praktisch noch bedeutungsvoller ist der Fall dort, wo zwischen zwei Hauptlagern mehrere Kröpfungen nicht in einer Ebene liegen (Abb. 98).

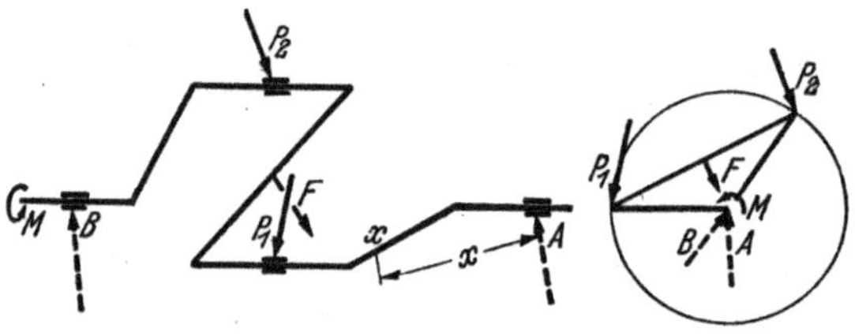

Abb. 98. Belastungsschema einer Doppelkröpfung mit mehr als einer Kröpfungsebene.

An sich ist dieser Fall nicht viel schwieriger als bei der gemischten Torsion einfacher Kröpfungen (Abb. 97). Man bestimmt für die ungünstigste Stellung zunächst die Lagerreaktionskräfte A und B und das Reaktionsmoment M, eine Aufgabe der elementaren Statik, die mit Hilfe der darstellenden Geometrie leicht zu lösen ist. An jeder Stelle X ist nun das dort herrschende Moment gleich der vektoriellen Summe der Momente aller rechts (oder links) liegenden Einzelkräfte. Wem die vektorielle Behandlung von Momenten nicht geläufig ist, der zerlegt sich zweckmäßig die Kräfte und die Hebelarme in die Hauptrichtungen des jeweils betrachteten Querschnitts, d. h. in die Richtungen der Hauptachsen und senkrecht dazu; man bekommt dann für jeden Querschnitt drei Einzelmomente, und zwar zwei Biegemomente (um jede der beiden Hauptachsen) und ein Drehmoment (wenn Kraft und Hebelarm beide in oder parallel zu der Querschnittsebene laufen). Falls es sich um gerade Kröpfungselemente handelt, genügt die Bestimmung der Momente in den Eckpunkten; der Verlauf ist dann von Eckpunkt zu Eckpunkt ein linearer. Man vergesse nicht, daß in der Mitte des langen Querarms oft die Fliehkraft F eines Gegengewichts angreift. Die Durchführung eines Beispiels ähnlich Abb. 98 ist nicht schwierig. Für jedes Kröpfungselement ergeben sich drei Momentenflächen, die alle in einer einzigen Figur darzustellen, ein unübersichtliches Bild ergeben würde. In jedem einzelnen Querschnitt erhält man den drei Teilmomenten entsprechend drei Nennspannungen σ_{I}, σ_{II} und τ, die man gemäß einer der Formeln

$$\sigma_i = 0{,}35\,(\sigma_{\mathrm{I}} + \sigma_{\mathrm{II}}) + 0{,}65\,\sqrt{(\sigma_{\mathrm{I}} + \sigma_{\mathrm{II}})^2 + 4\,\tau^2} \quad \text{oder} \quad \sigma_i = \sqrt{\sigma_{\mathrm{I}}{}^2 + \sigma_2{}^2 - \sigma_1 \cdot \sigma_2 + 3\,\tau^2}$$

zu einer „ideellen Spannung" σ_i zusammensetzen kann.

Die Durchleitung eines Drehmomentes („Torsion erster Art") bereitet natürlich auch in diesem Fall keinerlei Rechenschwierigkeiten, besonders wenn alle

Kurbelarme genau senkrecht zur Kurbelwellenachse verlaufen, so daß sie rein auf Biegung beansprucht werden. Laufen sie nicht genau senkrecht, so bekommen sie einen Teil des Momentes als Verdrehung ab; man hat dann mit ihnen wie in dem Beispiel aus Abb. 97 zu verfahren.

5. Nebenelemente.

Die Berechnung der Nebenelemente, wie Flansche, Anlaufbünde (für die Aufnahme des Axialzuges), Naben, Zahnkränze usw. geht nach den Regeln des allgemeinen Maschinenbaues vor sich. Besondere Gesichtspunkte für solche als Teile von Kurbelwellen sind für die Festigkeitsrechnung nicht zu beachten.

C. Gestaltfestigkeit von Kurbelwellen.

1. Anforderungen in verschiedenen Maschinenarten.

Die Anforderungen an die Kurbelwellen sind, was die Gestaltfestigkeit anbelangt, in erster Linie durch wirtschaftliche Erwägungen bestimmt. Es gilt, zwischen Einfachheit der Herstellung und Haltbarkeit denjenigen Kompromiß zu finden, der die beste Wirtschaftlichkeit der ganzen Maschine gewährleistet. Die folgenden Angaben entsprechen etwa den heutigen Gewohnheiten.

Bei *langsam laufenden Maschinen*, vor allem bei solchen, die eine beliebig große Verstärkung der Abmessungen aus Gewichtsgründen nicht verbieten, arbeitet man oft mit erstaunlich niedrigen Nennspannungen. Bei Pumpen und Kompressoren findet man gelegentlich Nennspannungen weit unter 1 kg/mm². Der Grund ist darin zu suchen, daß die Konstrukteure auf diesem Gebiet vielfach noch niemals vor die Notwendigkeit einer besseren Werkstoffausnutzung gestellt waren und daß eine übertriebene Überdimensionierung in der Tat das bequemste Mittel zur Erzielung einer „Betriebssicherheit um jeden Preis“ ist. Daß diese niedrigen Nennspannungen trotzdem nicht zur völligen Sorglosigkeit in der Konstruktion verleiten dürfen, möge man daraus ersehen, daß dem Verfasser ein Fall bekannt wurde, wo bei einer höchsten Nennspannung von 0,85 kg/mm² serienmäßig Kurbelwellenbrüche auftraten. Eine nachträgliche genaue Untersuchung ergab vor allem eine ungünstige Bemessung der Lagerspiele, wodurch zusätzliche Schlagbeanspruchungen entstanden, die in den viel zu scharfen Kröpfungshohlkehlen in kürzester Zeit zum Dauerbruch führten. Eine etwas stärkere Ausrundung der Hohlkehlen stellte den Schaden ein für allemal ab. Hält man bei solchen Maschinen den Hohlkehlhalbmesser durchweg nicht kleiner als $^1/_{10}$ des Zapfendurchmessers, so ist man auch bei einfachem Werkstoff vor peinlichen Überraschungen geschützt.

Bei *Kraftwagenmotoren* liegen die betriebsmäßigen Biegenennspannungen zwischen 3 und 8 kg/mm², in den meisten Fällen nahe bei 5 kg/mm². Die Kurbelwelle des KdF.-Wagens (Abb. 99) hat in der Mitte des langen Kurbelarms eine Nennspannung von über 9 kg/mm²; sie ist dieser hohen Beanspruchung aber infolge äußerst geschickter Formgebung vollkommen gewachsen. Die Verdrehbeanspruchung ist bei Kraftwagenwellen in der Regel wesentlich niedriger; sie liegt im Durchschnitt nahe bei 3,5 kg/mm². Kurbelwellen für Kraftwagendieselmotoren haben im Durchschnitt die gleichen Nennbeanspruchungen; den höheren Drücken wird durch entsprechend stärkere Bemessung der Querschnitte begegnet. Oberhalb 3000 Umdrehungen je Minute spielen bekanntlich die Gaskräfte gegenüber den Massenkräften für die Beanspruchungen keine Rolle mehr, so daß sich die Wellen schnelldrehender Diesel- und Ottomotoren kaum unterscheiden.

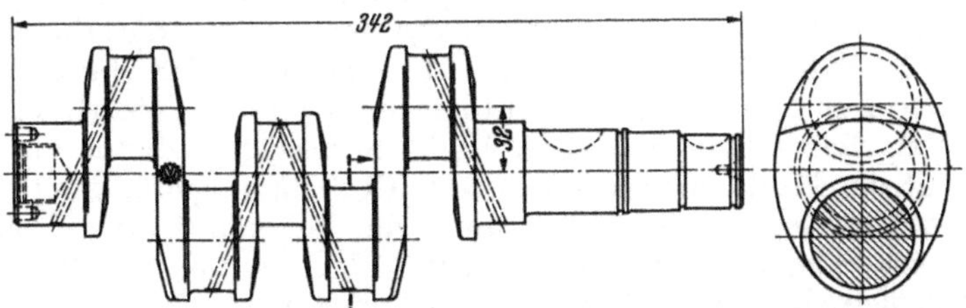

Abb. 99. Kurbelwelle des KdF.-Wagens.

Bei vorstehenden Angaben sind zusätzliche Beanspruchungen durch Schwingungen nicht mitgerechnet. Diese sucht man in jedem Fall so gering wie möglich zu halten. Sie werden kritisch nur im Resonanzfall, und wie bereits in Abschnitt A angedeutet, besitzt man heute Mittel genug, um diesem wirksam zu begegnen. Das Verstimmen geschieht in diesem Fall in der Regel so, daß durch Erhöhung der Steifigkeit, u. U. unter Inkaufnahme einer erheblichen Überdimensionierung, die niedrigste Eigenschwingungszahl mit Sicherheit über die höchste Betriebsdrehzahl verlegt wird.

Zahlentafel 14. Zur Beanspruchung von Kurbelwellen.

Die Kurbelwelle ist in der Regel stärker gefährdet durch	Die Kurbelwelle ist in der Regel stärker gefährdet durch
Biegebeanspruchung	*Verdrehungsbeanspruchung*
bei:	bei:
Langsam laufenden Maschinen	Schnell laufenden Maschinen
Kraftwagenmotoren	Flugzeug- und Rennmotoren
Kurbelwellen mit vier und weniger Kröpfungen	Kurbelwellen mit mehr als vier Kröpfungen
Kurbelwellen mit mehr als einer Kröpfung zwischen zwei Grundlagern	Kurbelwellen mit nur einer Kröpfung zwischen zwei Grundlagern
Kurbelwellen mit Neigung zu Biegeschwingungen	Kurbelwellen mit Neigung zu Drehschwingungen

In Zahlentafel 14 ist in Stichworten angedeutet, welche Art der Beanspruchung bei verschiedenen Konstruktionsgesichtspunkten in der Regel die bedeutungsvollere ist. Diese in großen Zügen angeschriebenen Erfahrungsregeln entbinden natürlich im Einzelfall nicht von der Notwendigkeit der Nachprüfung.

Bei weitem am härtesten sind die Anforderungen an die Gestaltfestigkeit der *Flugmotorkurbelwellen*. Hier sucht man bei möglichst hoher Haltbarkeit das letzte an Gewichtsersparnis aus der Konstruktion herauszuholen. Die Folge ist, daß jede mögliche, noch so geringe Erhöhung der Gestaltfestigkeit ausgenutzt wird, ohne daß man auf die Kostenfrage in gleichem Maße Rücksicht nimmt. Hier liegen die Verhältnisse aber auch insofern anders, als die Schwingungen eine viel wesentlichere Rolle spielen. Die meist größere Zylinderzahl und die erheblich größeren Leistungen je Zylinder sind die Ursachen für eine wesentlich stärkere Schwingungserregung. Der Ausweg, durch Versteifung der Welle die niedrigste Eigenschwingungszahl über die höchste Betriebsdrehzahl zu verlegen, stände nicht nur im Widerspruch mit der Forderung nach äußerster Gewichtsbeschränkung; er wäre auch praktisch wirkungslos, da jetzt sich auch die höheren Harmonischen der Erregung viel stärker bemerkbar machen. Die Folge ist, daß die Bemessung der Flugmotorkurbelwelle sich in allererster Linie nach dem Schwingungsverhalten richtet, besser gesagt, daß Schwingungsverhalten und Bemessung sich in stärkstem Maße wechselseitig bedingen. Schwingungsrechnung und Festigkeitsrechnung sind bei Flugmotorwellen gar nicht voneinander zu trennen, und wenn man außerdem fragt, welche Anforderungen an die Gestaltfestigkeit von Flugmotorkurbelwellen gestellt werden, so hat die Antwort zu lauten: diejenigen, die gerade noch erfüllbar sind.

2. Bestimmung der Gestaltfestigkeit von Kurbelwellen.

Unter Gestaltfestigkeit (*46*) versteht man diejenige Kraft oder dasjenige Moment, das, in betriebsmäßiger Weise wirkend, gerade noch dauernd ohne Bruchgefahr ertragen wird. Es ist nicht unbedingt notwendig, diesen Wert auf einen bestimmten

Querschnitt zu beziehen; trotzdem wird das der besseren Vergleichsmöglichkeit zuliebe gern getan.

Man kann die Gestaltfestigkeit nicht anders zuverlässig bestimmen, als daß man eine Kurbelwelle der gleichen Ausführung unter betriebsähnlichen Beanspruchungen zu Bruch bringt und feststellt, unter welcher Last der Bruch eintrat. Dies ist ein recht zeitraubendes und kostspieliges Verfahren, und man wäre dankbar, wenn es gelänge, es durch ein anderes, bequemeres zu ersetzen.

Vor allem läßt sich die Gestaltfestigkeit nicht zuverlässig vorausberechnen. Die alte Berechnungsweise nach der sog. „zulässigen Spannung" $\sigma_{zul} = K_z/S$ ($K_z = \sigma_B$ = Zerreißfestigkeit, S = Sicherheitsfaktor) versagt bei keinem anderen Bauteil so restlos wie bei der Kurbelwelle; das ändert sich nicht, wenn man anstatt von der Zerreißfestigkeit σ_B von irgendeiner anderen Werkstoffkennziffer, etwa von der Streckgrenze σ_s oder auch von der Dauerwechselfestigkeit σ_w ausgeht, und auch nicht, wenn man den reichlich problematischen Begriff des „Sicherheitsfaktors" S durch eine Kombination anderer Zahlen ersetzt, etwa eine „Formzahl" α_k und eine „Kerbempfindlichkeitsziffer" η_k. Um die Durchführung von Dauerversuchen mit ganzen Kurbelwellen kommt man, wenigstens bis heute, nicht herum.

Besonders lästig ist bei diesen Untersuchungen auch der sog. *Maßstabeinfluß*, der sich darin äußert, daß bei geometrisch ähnlichen Teilen mit größeren Abmessungen die Gestaltfestigkeit ohne erkennbare Gesetzmäßigkeit abnimmt. Er ist der Grund, warum Versuche an verkleinerten Proben (die u. U. mit erheblich geringeren Kosten zu beschaffen wären) nicht zu brauchbaren Ergebnissen führen. So zeigten kleine Modelle von Flugmotorkurbelwellen, die den Originalwellen aus gleichem Werkstoff im Maßstab 1 : 5 geometrisch genau nachgebildet waren (*47*), eine Verdrehdauerhaltbarkeit von etwa 22 kg/mm², während die Originalkurbelwellen im Motor zu Bruch gingen, wenn die Beanspruchungen wenig über 6 kg/mm² betrugen (*48*).

Eine einfache, wenn auch lebensgefährliche Quelle unserer Kenntnisse von der Gestaltfestigkeit der Kurbelwellen ist die Bruchstatistik des praktischen Betriebes (*48*). Zuverlässiger sind Dauerschwingungsversuche im Laboratorium, die vor allem den Vorteil haben, daß man die Belastung in weiten Grenzen beliebig verändern kann. Hierdurch ist die Ermittlung der Gestaltfestigkeit nach dem *Wöhlerverfahren* möglich.

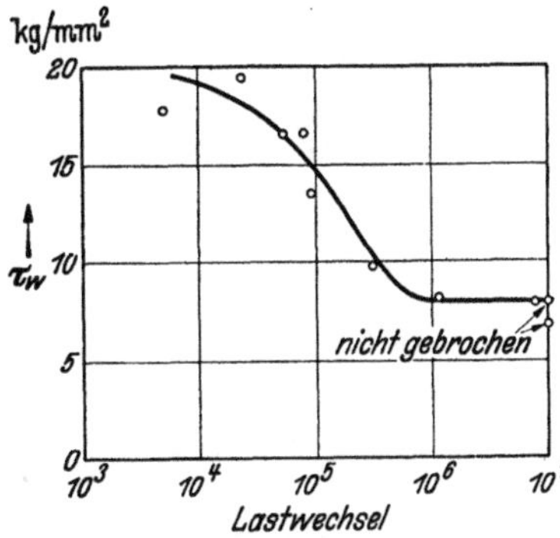

Abb. 100. Wöhlerschaubild einer Kurbelkröpfung.

Dieses beruht auf der Erkenntnis, daß eine Schwingungsbeanspruchung, welche von einem Bauteil eine lange Zeit (z. B. 10 Millionen mal) ohne Bruch ertragen wurde, auch nach praktisch unendlich langer Zeit nicht mehr zu einem Bruch führt. Man setzt demnach eine Kurbelwelle einer bestimmten Schwingungsbelastung aus und beobachtet, nach wieviel Lastspielen sie bricht. Ist die Welle nach 10 Millionen Lastspielen nicht gebrochen, so wiederholt man den Versuch mit höherer Belastung; erfolgte aber ein Bruch, so setzt man eine neue Welle der gleichen Ausführung einer niedrigeren Belastung aus. Auf diese Weise grenzt man von beiden Seiten mehr und mehr denjenigen höchsten Belastungswert ein, der gerade noch dauernd ohne Bruch ertragen wird. Erleichtert wird diese Eingrenzung durch Aufzeichnung des sog. Wöhlerschaubildes (Abb. 100), bei dem die Bruchlast zur leichteren Erkennung der Gesetzmäßigkeit über dem Logarithmus der Bruchlastwechselzahl aufgetragen wird. Aus der Lage der horizontalen Asymptote der „Wöhlerkurve" kann man die Höhe der Gestaltfestigkeit erkennen.

In vielen Fällen kommt man mit der Prüfung einzelner herausgeschnittener Kröpfungen aus. Diese muß man natürlich in einer Weise mit Anschlußelementen versehen, welche den

Beanspruchungszustand der Kröpfung nicht beeinträchtigt. Eine einfache Möglichkeit bietet das Aufschrumpfen von Flanschringen auf den Zapfen, wobei Voraussetzung ist, daß der Sitzstelle genügend weit von der Kröpfungshohlkehle entfernt ist. Die Kerbwirkung der Schrumpfverbindung ist dann unbedenklich, da diejenige der Kröpfung in der Regel weit überwiegt.

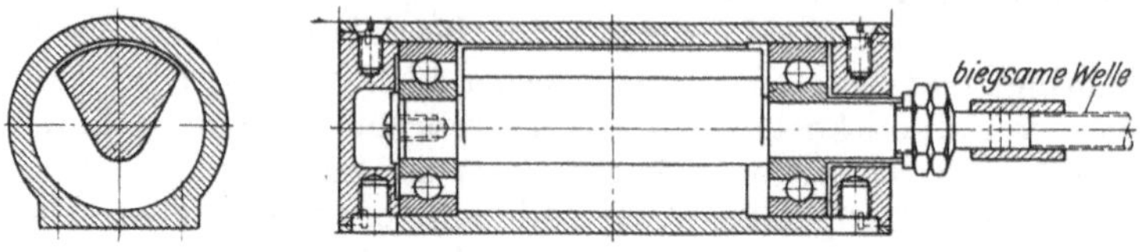

Abb. 101. Schwinger für Dauerversuche (BERG).

Prüfvorrichtungen stehen in den größeren handelsüblichen Dauerprüfmaschinen in großer Zahl zur Verfügung, die man gegebenenfalls mit einem entsprechenden Einsatz versehen muß. Für Verdrehbeanspruchung werden sogar besondere Kurbelwellenprüfstände geliefert. Man kann Schwingungsprüfvorrichtungen für Kurbelwellen oder einzelne Kröpfungen aber auch mit einfachen Mitteln selbst zusammenbauen. Es liegt nahe, die Wechselbelastung mit Hilfe eines Kurbeltriebes zu erzeugen. Zweckmäßiger ist die Erzeugung mittels Resonanzschwingungen. Man baut hierzu die Welle oder die Einzelkröpfung als federndes Glied in ein schwingungsfähiges System ein, das man mit Hilfe von periodischen Kräften zu Eigenschwingungen erregt. Die Erregung liefert ein Schwinger (Abb. 101), d. i. eine außermittig umlaufende Masse, deren Fliehkräfte periodisch nach allen Richtungen wirken und entsprechend ihrer Drehzahl u. U. in einer bestimmten Richtung eine Resonanz erzeugen. Der Schwingungsausschlag und damit die Schwingungsbeanspruchung hängt gemäß der Resonanzkurve mit der Drehzahl zusammen (Abb. 102); man kann also jede gewünschte Schwingungsbeanspruchung durch Einstellen der entsprechenden Drehzahl erreichen. Ein stabiler Schwingungszustand entsteht natürlich nur auf dem aufsteigenden Ast der Resonanzkurve.

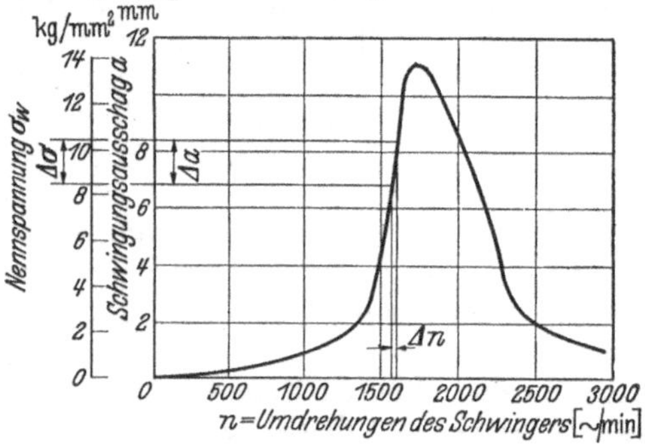

Abb. 102. Resonanzkurve eines Kurbelwellenprüfstandes.

Entsprechend deren Steilheit entspricht schon einer geringen Änderung der Drehzahl Δn eine große Änderung der Beanspruchung $\Delta \sigma$, so daß eine feinfühlige Regelung der Drehzahl notwendig ist.

Abb. 103 zeigt einen einfachen Biegeschwingungsprüfstand dieser Art, Abb. 104 einen ähnlichen Drehschwingungsprüfstand. Die Zuordnung zwischen Schwingungsausschlag und Beanspruchung bestimmt man entweder durch Rechnung, besser durch vorausgehende statische Eichung, oder auch durch Zwischenschaltung von dynamometerähnlichen Meßorganen.

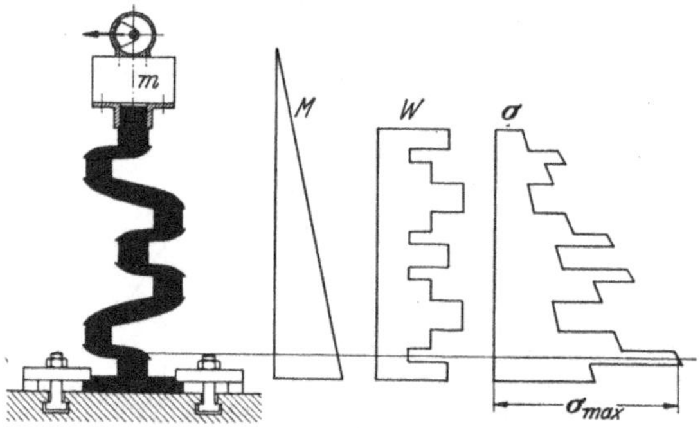

Abb. 103. Einfacher Aufbau zur Biegeschwingprüfung einer Kurbelwelle. m = Pendelmasse; M = Biegemoment; W = Widerstandsmoment; $\sigma = M/W$ = Nennspannung.

Hat man auf die beschriebene Art und Weise durch Dauerversuche an naturgroßen Probekörpern die Gestaltfestigkeit einer Kurbelwelle ermittelt, so tritt meist sogleich die Frage auf, wie man dieselbe durch möglichst einfache Maßnahmen erhöhen kann. Hierzu ist es notwendig, sich einen Überblick über die Verteilung der Beanspruchungen über das Werkstoffvolumen zu verschaffen.

Im folgenden sei kurz auf die hierzu zur Verfügung stehenden Versuchsmöglichkeiten eingegegangen.

Unter den zahlreichen Verfahren zur Ermittlung der wirklichen Beanspruchungen ist das am wenigsten umständliche das spannungsoptische Verfahren[1]. Nachdem dieses Verfahren bis vor kurzem nur zur Erfassung ebener Spannungszustände geeignet war, gelang es, seine Anwendbarkeit auf räumliche Gebilde (*49*) [auch auf Kurbelkröpfungen (*50*)] auszudehnen.

Gegenüber solchen Modellversuchen ist die Ermittlung der Spannungen am fertigen Stück umständlicher. Hierzu kommen fast ausschließlich Feindehnungsmessungen in Frage. Auch die Spannungsmessung mit Röntgenstrahlen

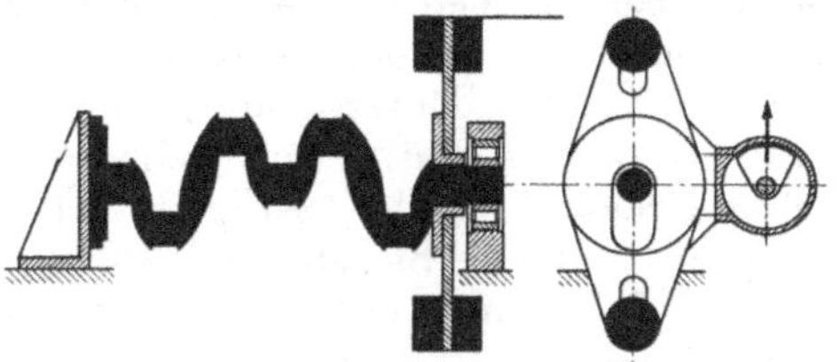

Abb. 104. Einfacher Aufbau zur Verdrehschwingprüfung einer Kurbelwelle.

Abb. 105. Dehnlinien an einer betriebsähnlich belasteten Kurbelkröpfung (Lehr).

ist ihrem Wesen nach eine Dehnungsmessung. Abgesehen davon, daß alle Geräte zur Feindehnungsmessung empfindlich gegen unsachgemäße Behandlung sind, ist die Messung zeitraubend und erfordert außerordentliche Geschicklichkeit. Sie kann nur punktweise vor sich gehen, und jeder Punkt erfordert zur Ermittlung des ganzen Spannungszustandes mindestens vier Messungen in verschiedenen Richtungen. Zur vollständigen exakten Durchmessung einer einzigen Kurbelkröpfung ist bei den heutigen Methoden eine Zeit von mehreren Monaten erforderlich.

Aus diesem Grunde wird die vollständige Durchmessung einer Kurbelwelle nach den heutigen Methoden stets eine Ausnahme bleiben, und man wird versuchen, mit weniger umständlichen, wenn auch vielleicht weniger genauen Verfahren auszukommen. Zur Ermittlung allein der höchstbeanspruchten Stelle ist bei Kurbelwellen mit Erfolg das Dehnlinienverfahren[2] angewendet worden. Abb. 105 stellt eine auf diese Weise untersuchte Kurbelwelle dar, bei der die anschließend durch Feindehnungsmessung ermittelten Spannungen zahlenmäßig durch die Länge von in das Modell eingesteckten Stiften dargestellt werden.

---

[1] Dieses Verfahren beruht auf der Eigentümlichkeit mancher durchsichtiger Stoffe, daß sie unter der Einwirkung mechanischer Spannungen ihre optischen Eigenschaften verändern. Eine Nachbildung des zu untersuchenden Werkstücks in Kunstharz oder Glas wird in der geforderten Weise belastet; hierdurch entstehen im durchfallenden polarisierten Licht unter bestimmten Umständen farbige Bilder, welche bei entsprechender Auswertung die Verteilung der Spannungen über das Werkstoffvolumen erkennen lassen (vgl. z. B. Mesmer, G.: Spannungsoptik. Berlin: Springer 1940. Vgl. auch S. 45.)

[2] Das Dehnlinienverfahren (auch Spannungslack- oder Reißlackverfahren genannt) besteht darin, daß man das zu untersuchende Werkstück mit einer Schicht aus einem gewissen spröden Lack überzieht. Bei Belastung macht der Lack die Dehnungen des Werkstoffs nur teilweise mit, dann reißt er, und zwar verlaufen die Rißlinien ziemlich genau senkrecht zu den größten Zugspannungen. Eine zahlenmäßige Auswertung derartiger Reißlackversuche ist nicht möglich, da diejenige Spannung, bei der das Reißen eintritt, in starkem Maße von der Lackzusammensetzung und zahlreichen weiteren Einflüssen abhängt. In Verbindung mit einem Feindehnungsmeßverfahren ist es dagegen geeignet, die Zahl der hierbei notwendigen Messungen je Meßpunkt von 4 auf 2 herunterzusetzen, da es die Richtung der Hauptspannungen liefert, die infolgedessen durch Dehnungsmessung nicht mehr ermittelt zu werden braucht. Auch kennzeichnet es die größere der beiden Hauptspannungen als solche, so daß zu weniger exakten Messungen u. U. sogar eine Dehnungsmessung je Meßpunkt genügt (*51*).

Eine zahlenmäßige Auswertung des Verhaltens von Lackschichten auf der Oberfläche beanspruchter Körper ist möglich, wenn die Oberfläche des Werkstücks unter der Schicht hochglänzend spiegelt; es kann dann die Änderung des optischen Verhaltens der Schicht unter Belastung festgestellt und nach den Gesetzen der Spannungsoptik ausgewertet werden (G. Oppel: Z. VDI Bd. 81 [1937] S. 803). Dieses Verfahren ist an Kurbelwellen noch nicht erprobt worden, doch scheint es gerade für diese besonders geeignet zu sein.

3. Gestaltfestigkeit ausgeführter Kurbelwellen.

Die Ermittlung der wirklichen Gestaltfestigkeit von Kurbelwellen wurde aus den genannten Gründen erst in geringem Umfang vorgenommen. Erstmalig 1932 stellte LÜRENBAUM (*48*) aus der Bruchstatistik des Flugbetriebs an Hand von Drehschwingungsmessungen fest, daß Flugmotorkurbelwellen dann zu Bruch gehen, wenn ihre Verdrehwechselbeanspruchung im Betrieb über 6 kg/mm² liegt. Diese Feststellung gilt für alle damals im Betrieb befindlichen Kurbelwellenmuster ohne Rücksicht auf Werkstoff oder Konstruktion. Die längere Zeit allgemein vorgenommene Verallgemeinerung dieser umfassenden Untersuchung, daß infolgedessen durch Werkstoff oder Konstruktion keinerlei Beeinflussung dieser „6-kg-Grenze“ möglich sei, hat sich in der Zwischenzeit als Irrtum erwiesen. Sie gilt nur, solange nicht besondere konstruktive Maßnahmen ergriffen werden, auf die im folgenden Abschnitt näher eingegangen wird.

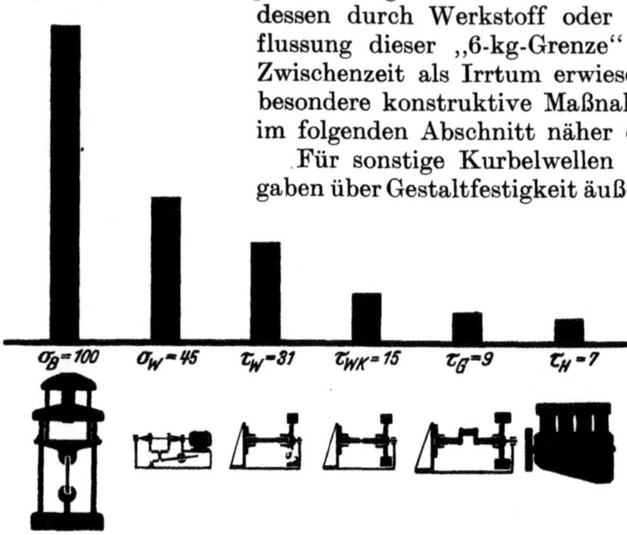

Abb. 106. Festigkeitsskala eines Kurbelwellenstahles. Die Festigkeit hängt von der Beanspruchungsart und der Gestalt ab.

σ_B = 100 kg/mm², Zugfestigkeit auf der Zerreißmaschine;
σ_W = 45 kg/mm², Wechselfestigkeit auf der Dauerbiegemaschine;
τ_W = 31 kg/mm², Wechselfestigkeit des großen Probestabes auf dem Drehschwingungsprüfstand;
τ_{WK} = 15 kg/mm², Wechselfestigkeit des gekerbten Stabes auf dem Drehschwingungsprüfstand;
τ_G = 9 kg/mm², Gestaltfestigkeit der naturgroßen Kurbelkröpfung auf dem Drehschwingungsprüfstand;
τ_H = 7 kg/mm², Dauerhaltbarkeit d. ganzen Kurbelwelle im Motor.

Für sonstige Kurbelwellen sind in der Literatur die Angaben über Gestaltfestigkeit äußerst spärlich. GEIGER (*21*) nennt für Dieselkurbelwellen aus Spezialkurbelwellenstahl die Zahl 7 kg/mm². Für die gegossene Kurbelwelle des Ford-V 8-Motors (Abb. 107) wurde eine Verdrehdauerhaltbarkeit (*53*) von etwa 5 kg/mm² ermittelt. THUM und BANDOW (*54*) stellen an Kurbelwellen aus StC 45 Verdreh-Dauerhaltbarkeitswerte zwischen 8 und 8,5 kg/mm² fest. Die Biege-Dauerhaltbarkeiten der entsprechenden Wellen lagen zwischen 7,5 und 12 kg/mm², jeweils bezogen auf den schwächsten Querschnitt. KÖTZSCHKE (*55*) nennt für eine neuere englische Flugmotor-Kurbelwelle den Wert 370 mkg, was einer Biegenennspannung von etwa 13 kg/mm² in der Kurbelwange entspricht, und bezeichnet denselben als gut.

4. Einflüsse auf die Gestaltfestigkeit und Mittel zu ihrer Steigerung.

Fragt man, wo die hohen Werte der Werkstoffestigkeit der als besonders hochwertig bekannten Kurbelwellenstähle (mit Zerreißfestigkeiten von 80 bis 150 kg/mm²) geblieben sind, so gibt Abb. 106 eine nachdenklich stimmende Antwort. Wechsellast, Verdrehbeanspruchung, Maßstabeinfluß, Kerbwirkung, Gestaltwirkung usw. reduzieren diese ursprünglich hohen Werte auf 5 bis höchstens 10 vH. Man sieht hieraus recht deutlich, wie unsinnig der Begriff der „10fachen Sicherheit gegen Bruch“ der alten Konstruktionslehre eigentlich war. Man sieht aber anderseits aus dieser „Festigkeitsskala“, wo man angreifen kann, um die Gestaltfestigkeit zu erhöhen, und von wo an diesem Bemühen aus der Natur des Werkstoffs heraus unübersteigbare Grenzen gesetzt sind.

Beträgt bei einer Stahlkurbelwelle die betriebsmäßige Nennspannung auf Biegung weniger als 8 kg/mm² oder auf Verdrehung weniger als 6 kg/mm², so kann man sagen, daß das Werkstoffvolumen nicht genügend ausgenutzt ist. Höhere Beanspruchungen sind durchaus möglich und vertretbar. Erträgt die Welle nicht mindestens die genannten Beanspruchungen mit Sicherheit (kleine Wellen sogar noch mehr, sehr große vielleicht etwas weniger), so geht daraus hervor, daß etwas an der Welle nicht in Ordnung ist, wobei folgende Punkte in Frage kommen: Werkstoff, Verarbeitung, Berechnungsverfahren, Konstruktion oder Erkennung des Schwingungsverhaltens. Man prüfe in diesem Falle alle genannten Punkte sorgfältig durch. In den allermeisten Fällen dürfte schon eine geringe Verbesserung der *Kleinformgebung* ohne wesentlich erhöhten Bearbeitungsaufwand genügen, um die erforderliche Gestaltfestigkeit zu bewirken.

Im folgenden sollen die Einflüsse auf die Gestaltfestigkeit im einzelnen untersucht werden, woraus sich die Maßnahmen zur Erhöhung derselben jeweils von selbst ergeben.

Die Gestaltfestigkeit einer Kurbelkröpfung hängt ab von Werkstoff, Gestaltgebung, Herstellung, Zusammenbau und Betriebsbeanspruchung. Die hier genannten Einflüsse sind praktisch nicht immer scharf gegeneinander abzugrenzen.

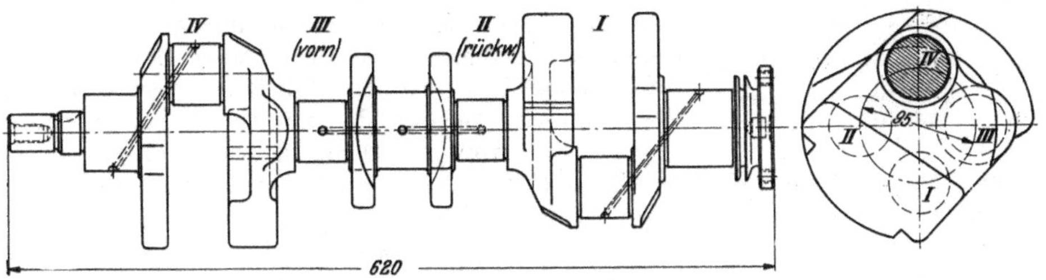

Abb. 107. Gußkurbelwelle des Ford-V8-Motors.

a) Werkstoff und Herstellung. Es ist nicht gesagt, daß ein Werkstoff höherer Zerreißfestigkeit auch immer eine höhere Gestaltfestigkeit ergibt. Gerade unter den Kurbelwellenstählen besitzen diejenigen mit höherer Zerreißfestigkeit oft eine erhöhte Oberflächen-, Kerb- und Gestaltempfindlichkeit. Dies erklärt auch die Tatsache, daß die bekannte 6-kg-Grenze (vgl. S. 79) an Kurbelwellen aus den verschiedensten Werkstoffen gefunden wurde. Es erklärt vor allem, daß Kurbelwellen aus Gußeisen, welches mit 30⋯40 kg/mm² eine wesentlich niedrigere Zerreißfestigkeit hat als die einfachsten Kurbelwellenstähle, trotzdem eine Gestaltfestigkeit erreichen können, welche derjenigen ähnlich gestalteter Stahlkurbelwellen nahekommt.

Im allgemeinen kann man sagen, daß Stähle niedriger Vergütungsstufe vorzuziehen sind, nicht nur in Hinblick auf den Preis, sondern auch auf Dämpfungsfähigkeit, Kerbempfindlichkeit usw. Meist hat der Stahl mit größerer Dämpfungsfähigkeit die geringere Kerbempfindlichkeit. Es sind aber auch Stähle entwickelt worden, die ihre hohe Dämpfungsfähigkeit bei hohen Vergütungsstufen behalten. Wenn Lürenbaum (*56*) eine Zunahme der Gestaltfestigkeit mit der Vergütungsstufe (und zwar sogar eine fast proportionale) feststellt, so dürfte dies seine Ursache darin haben, daß die von ihm untersuchten Stähle diese sonst nicht allgemein übliche Eigenschaft besitzen.

Vom Einfluß des Werkstoffs ist der Einfluß der Herstellungsweise nicht zu trennen. Noch bis vor kurzem wurde Drehen aus dem Vollen bedingungslos verworfen; man warnte dringend davor, die „Fasern anzuschneiden" und einen „Kraftfluß quer zur Faserrichtung" zuzulassen. Hierzu ist zu bemerken, daß Stähle mit ausgesprochener Faserstruktur als Kurbelwellenwerkstoff immer bedenklich sind. Eine noch so gute „kraftflüssige" Formgebung, d. h. ein möglichst vollständiges Vorschmieden der Form, verhindert doch niemals, daß in den Kröpfungshohlkehlen, also an den Stellen höchster Kerbwirkung, der Werkstoff quer zur Faserrichtung angeschnitten wird (Abb. 108). Es ist also schon wesentlich vorteilhafter, einen Werkstoff zu verarbeiten, der die Kennzeichen einer ausgesprochenen Faserrichtung nicht besitzt.

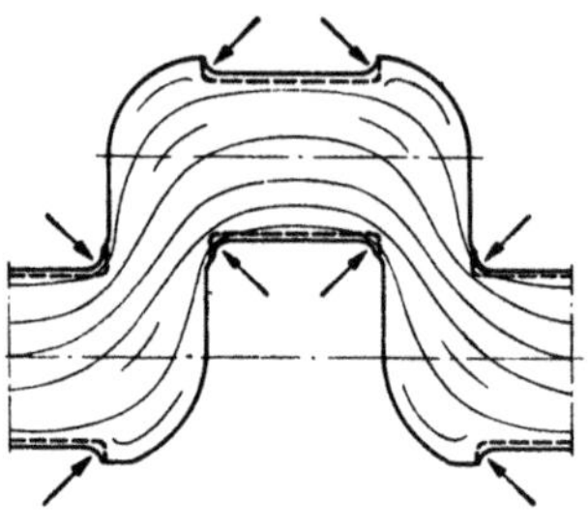

Abb. 108. Zum Anschneiden der „Fasern".
——— Umriß des Rohlings
· · · „Fasern" des Schmiedestückes (schematisch)
– – – Umriß der bearbeiteten Welle
→ Stellen starken Faseranschnitts.

Wie bereits erwähnt, ist es möglich, bei Verwendung von Gußwerkstoffen Werte der Gestaltfestigkeit zu erreichen, die derjenigen der normalen Stahlkurbelwellen nahekommen. Der Hauptgrund hierfür liegt darin, daß es hier mit weit geringeren Schwierigkeiten als bei Schmiedestahl möglich ist, der Kröpfung diejenige Gestalt zu geben, welche zur Erzielung einer günstigen Gestaltfestigkeit notwendig ist. Wollte man entsprechende Formen in Schmiedestahl herstellen, was nur auf dem Wege der Bearbeitung möglich ist, so würden die Herstellungskosten ins Ungemessene wachsen. Beachtenswert hoch ist zwar auch schon die Gestaltfestigkeit solcher Gußwellen, die nach der Gestalt der ursprünglichen Stahlwelle abgegossen wurden. Dagegen trifft nicht zu, daß es möglich sein soll, die Gestaltfestigkeit völlig „auskonstruierter" Stahlwellen mit Wellen aus Gußwerkstoffen zu übertreffen.

In diesem Zusammenhang sei erwähnt, wie außerordentlich günstig sich auf die Gestaltfestigkeit gußeiserner Kurbelwellen geringe Zusätze gewisser Legierungselemente auswirken, auch wenn die Zerreißfestigkeit hierdurch nicht wesentlich gesteigert wird.

Daß es Kurbelwellen gibt, deren Haltbarkeit durch Verwendung fehlerhafter, poröser oder schlackenhaltiger Werkstoffe stark beeinträchtigt wird, ist selbstverständlich. Derartige Werkstoffmängel treten aber als Bruchursache weit seltener auf, als gemeinhin angenommen wird. Die Frage „War der Werkstoff in Ordnung?" ist bei einem etwaigen Kurbelwellenbruch vom Standpunkt der Gestaltfestigkeit aus nicht immer die nächstliegende.

Wie schon erwähnt, ist von besonderer Bedeutung die Kleinformgebung, worunter wir die Gestaltung im kleinen, nämlich an den Hohlkehlen, Gewinden, Nuten, Ölbohrungen usw., kurz der sog. „Nebenabmessungen" verstehen. Wir nehmen die Ölbohrung vorweg.

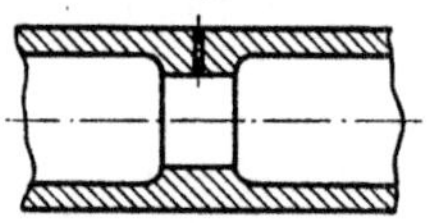

Abb. 109. Einziehung der Zapfenbohrung unter der Ölbohrung zwecks Erniedrigung der Nennspannung an der gefährdeten Stelle (Cornelius u. Bollenrath).

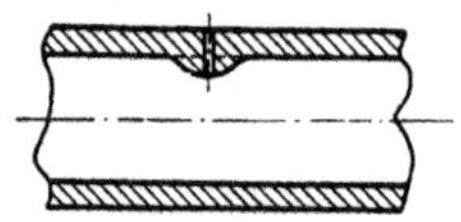

Abb. 110. Wulst unter der Ölbohrung (nur bei hohlgegossener Ausführung herstellbar).

b) Ölbohrung. Föppl hat nachgewiesen (57), daß in einer verdrehbeanspruchten Welle eine kleine Querbohrung eine vierfache Erhöhung der Nennspannung τ_n ($= M_d/W_d$) herruft, d. h. daß $\tau_{max} = 4 \cdot M_d/W_d$. Das entspricht zwar keiner vierfachen Bruchgefahr gegenüber einer glatten Welle, wohl aber einer beträchtlichen Erniedrigung der Dauerfestigkeit. Zur Verringerung der Bruchgefahr lassen sich folgende Maßnahmen anführen:

1. Saubere *Ausrundung der Bohrungskante* mit möglichst großem Ausrundungshalbmesser;

2. Örtliche Erniedrigung der Nennspannung durch Anbringung einer *Innenverstärkung* unter der Ölbohrung in Form einer Einziehung der Zapfenbohrung (Abb. 109) (*58*) oder (bei hohl gegossener Welle) eines Wulstes (Abb. 110);

3. Anbringung eines günstigen *Vorspannungszustandes* am Bohrungsrand, entweder durch Einpressen oder Einschrumpfen eines Ringes (*59*) oder durch Kaltverformung des Bohrungsrandes (*60*);

4. Verlegung des Bohrungsrandes in den *Spannungsschatten* von Entlastungskerben (Abb. 111) (*61*);

5. *Einsetzen* des gebohrten Zapfens (*62*). Hierzu sei betont, daß der günstige Effekt nur eintritt, wenn das Einsetzen *nach* dem Anbringen der Ölbohrung erfolgt. Man hat erkannt, daß der günstige Effekt nicht allein durch die höhere Wechselfestigkeit der höher gekohlten Einsatzschicht verursacht wird, sondern in erster Linie durch das Auftreten hoher Druck-Eigenspannungen am Rande infolge Volumenvergrößerung der eingesetzten Zone.

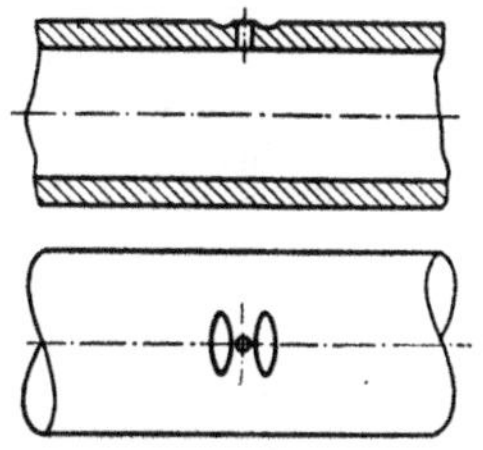

Abb. 111. Ölbohrung im Spannungsschatten von Entlastungskerben (OSCHATZ). Die Entlastungskerben sind besonders wirksam, wenn sie eingedrückt wurden.

Wird das Einsetzen *vor* dem Anbringen der Bohrung vorgenommen, so tritt nicht nur keine Erhöhung, sondern im Gegenteil eine Verschlechterung der Dauerfestigkeit ein, da die Stellen höchster Bruchgefahr immer dort liegen, wo die Grenze zwischen der Härtezone und dem Kernwerkstoff die Oberfläche erreicht. Dies ist auch der Grund, weshalb andere Oberflächenhärteverfahren nicht den gleichen günstigen Effekt bringen wie das Einsatzhärten.

Es bedarf keiner näheren Erklärung, daß die jeweils günstigste Wirkung in allen genannten Fällen bei einem ganz bestimmten Umfang der getroffenen Maßnahme, d. h. einer ganz bestimmten Ausrundung, einer bestimmten Gestalt der Innenverstärkung oder der Entlastungskerben, einer bestimmten Höhe der Vorspannung, einer bestimmten Einsatztiefe usw. liegt und daß der jeweils günstigste Betrag von den übrigen Umständen und von den Abmessungen abhängt. Eine bestimmte Regel läßt sich nicht angeben; will man den höchstmöglichen Betrag an Gestaltfestigkeit erreichen, so sind in jedem Falle Vergleichsversuche zwischen mehreren Ausführungsformen unerläßlich.

Diese Betrachtungen gelten nun nicht nur für den Austritt der Ölbohrung in die Lauffläche, sondern auch für den Durchtritt der Ölbohrung durch die Zapfenbohrung.

Die Ausrundung der Ölbohrungskante im Inneren der Zapfenbohrung macht natürlich gewisse Herstellungsschwierigkeiten. Sie ist in der erforderlichen Sauberkeit nur von besonders geübtem Personal mit Hilfe von Sonderwerkzeugen, die an zahnärztliche Instrumente erinnern, herstellbar. Da ein derartiger Arbeitsgang die Kurbelwelle erheblich verteuert, findet er nur dort Anwendung, wo er aus bestimmten Gründen unerläßlich ist, z. B. bei Flug- und Rennmotor- und hochbeanspruchten Schiffskurbelwellen.

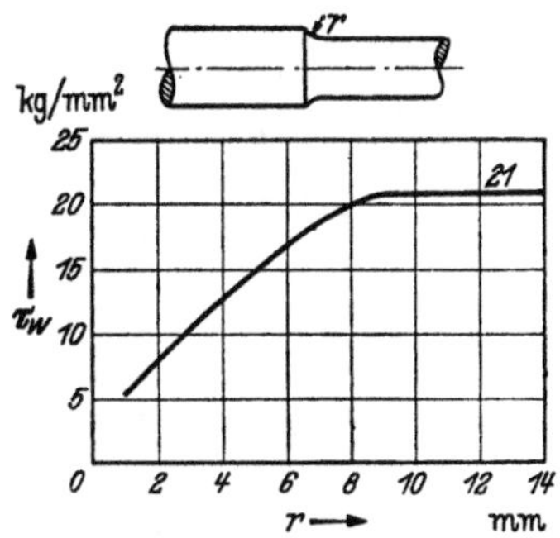

Abb. 112. Wechselfestigkeit τ_W eines Stahles in Abhängigkeit vom Hohlkehlhalbmesser r. (Werkstoff: St 60.)

c) Hohlkehle. Vor der erhöhten Bruchgefahr durch zu scharfe Hohlkehlen an der Kurbelkröpfung warnt schon GÜLDNER (*44*). Er gibt auch schon eine Regel an, durch deren Befolgung man sich vor peinlichen Überraschungen schützen kann, nämlich daß man den Ausrundungshalbmesser mindestens gleich $^1/_{20}$ des Zapfendurchmessers machen soll. Wie Abb. 112 zeigt, nimmt mit schärfer werdender Hohlkehle die Schwingungsfestigkeit stark ab, so daß wir $r = d/20$ als die unterste Grenze des zulässigen bezeichnen müssen; eine sanftere Ausrundung ist nur zu empfehlen.

Gelegentlich werden als Ersatz für den Kreisbogen andere Kurvenformen, z. B. höhere Parabeln, als sog. *Entlastungsübergang* (*29*) empfohlen mit der Begründung, daß hierdurch jede Spannungserhöhung an der Ansatzstelle der Hohlkehle vermieden werden könne. DEUTLER und HAVERS (*65*) haben nachgewiesen, daß es eine „Hohlkehle gleicher Festigkeit“ von endlicher Länge nicht gibt und daß ein Ellipsenbogen praktisch die gleichen Dienste tut, wenn die Halbachsen ein Verhältnis $a/b = 1 + 2{,}5\, a/d$ besitzen (Abb. 113). Der hierbei erzielbare Festigkeitsgewinn ist aber nicht erheblich. Praktische Bedeutung hat die Entlastungshohlkehle zur Platzersparnis, aber dann genügt es, sie aus einzelnen (2 bis 3) Kreisbogenstücken zusammenzusetzen, da mit den heutigen Werkzeugen der Kreisbogen bei weitem am leichtesten herzustellen ist.

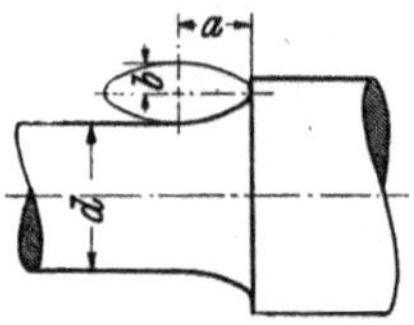

Abb. 113. Elipsenförmige Hohlkehle.

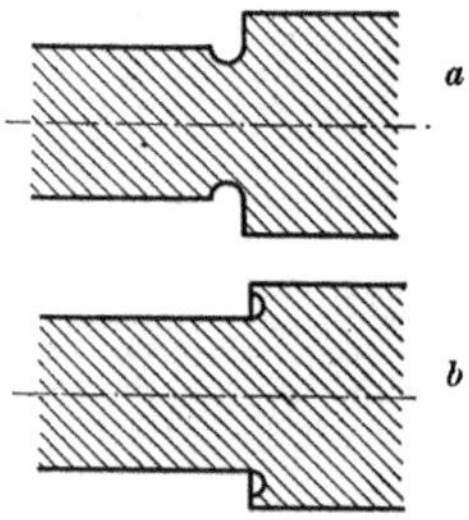

Abb. 114. Hohlkehlen mit Entlastungseindrehungen.

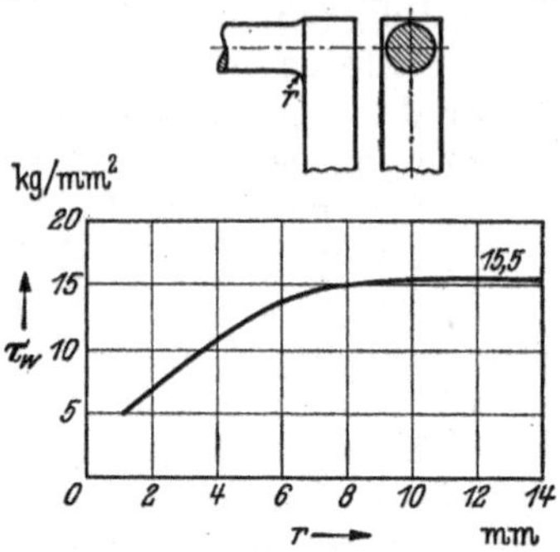

Abb. 115. Wechselfestigkeit τ_W von Kröpfungsecken in Abhängigkeit vom Hohlkehlhalbmesser r. (Werkstoff: St 60.)

Ist der Platz, der für die Hohlkehle zur Verfügung steht, gar zu knapp bemessen, so ist eine Eindrehung gemäß Abb. 114a oder b immer vorzuziehen, da die Erhöhung der Nennspannung infolge Verkleinerung der tragenden Querschnitte sich nicht so ungünstig auswirkt wie eine scharfe Hohlkehle.

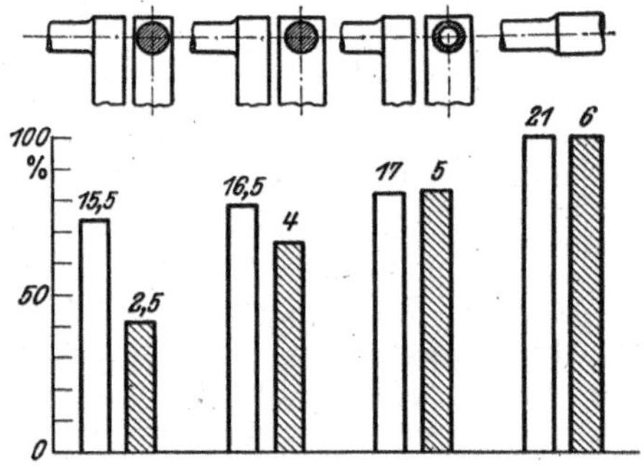

Abb. 116. Erhöhung der Gestaltfestigkeit von Kröpfungsecken durch konstruktive Änderungen.
A Ausgangsform; *B* Verbreiterung der Wange; *C* Ausbohrung des Zapfens; *D* Rundstab (zum Vergleich). Werkstoff: ▭ St 60, ▨ Ge 14.

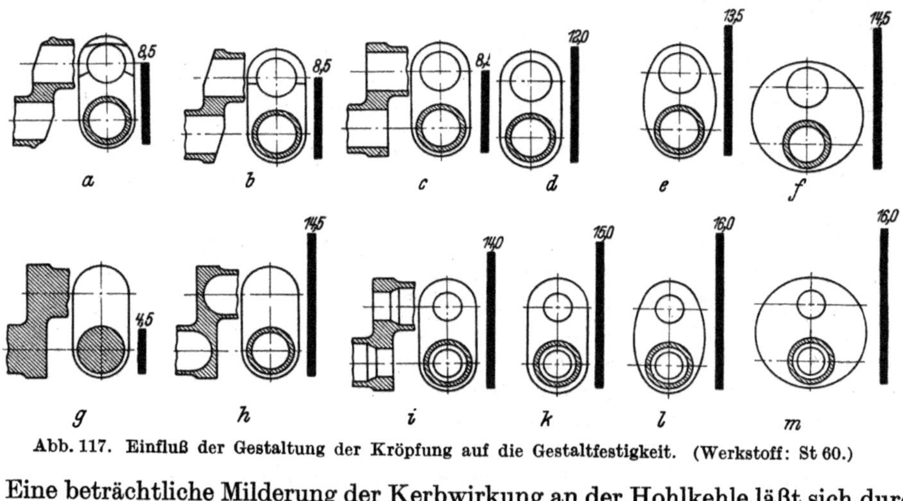

Abb. 117. Einfluß der Gestaltung der Kröpfung auf die Gestaltfestigkeit. (Werkstoff: St 60.)

Eine beträchtliche Milderung der Kerbwirkung an der Hohlkehle läßt sich durch Erzeugung von starken Druckeigenspannungen erreichen. BANDOW (*66*) hat durch

Kaltrollen der Hohlkehlen Steigerungen der Gestaltfestigkeit von Stahlkurbelwellen um bis zu 40 vH, bei gleichzeitigem Drücken des Ölbohrungsrandes bis zu 60 vH erreicht.

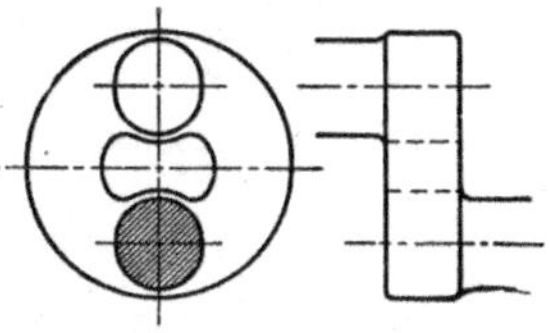

Abb. 118. Vermeidung hoher Spannungsspitzen durch Teilung des „Kraftflusses" (FRÉMONT).

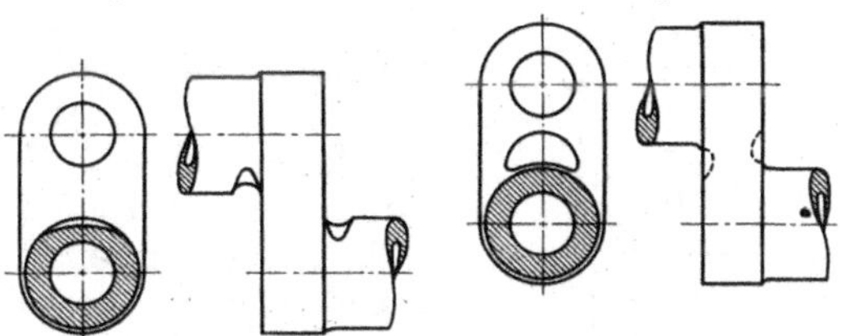

Abb. 119. Vermeidung hoher Spannungsspitzen durch Umlenkung des „Kraftflusses" um Entlastungseinstiche. a) Exzentrischer Einstich (MAYBACH). b) Ausfräsung (KLOSE).

d) Kraftumlenkung. Die Kerbwirkung der Hohlkehle ist nicht die einzige Ursache, weshalb die Gestaltfestigkeit der Kröpfung niedriger ist als diejenige eines einzelnen zylindrischen Zapfens. Trägt man nämlich die Wechselfestigkeit einer Kröpfung und die eines mit Hohlkehle abgesetzten Rundstabes über dem Hohlkehlhalbmesser auf (Abb. 112

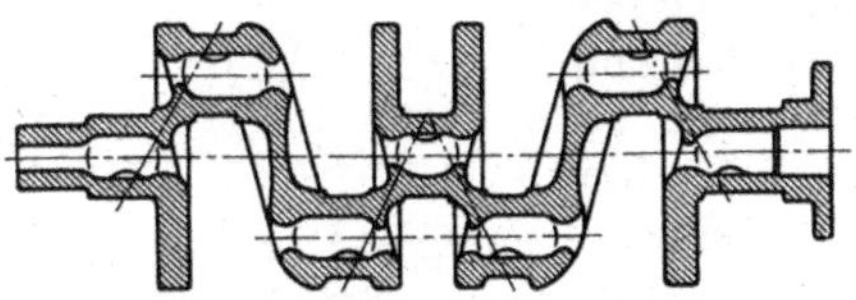

Abb. 120. Günstige Gestalt einer Gußkurbelwelle (THUM).

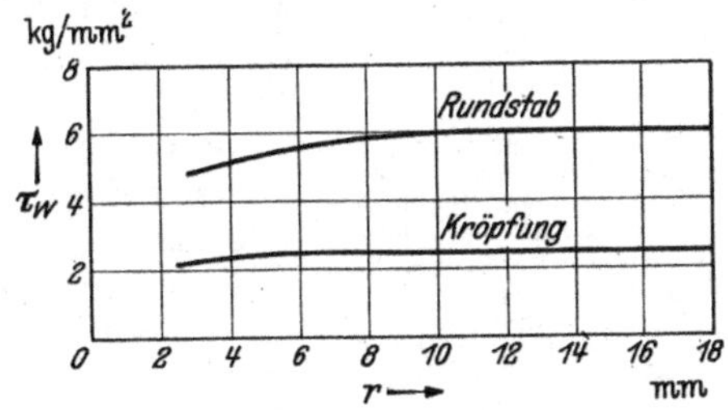

Abb. 121. Wechselfestigkeit von Formelementen aus Gußeisen (Ge 14) (vgl. Abb. 112 und 115).

und 115) (*67*), so erhält man Kurven mit ganz verschiedenem Verlauf. Von einem bestimmten Hohlkehlhalbmesser an bewirkt eine Vergrößerung der Hohlkehle keine Steigerung der Festigkeit der Kröpfung mehr, obgleich die Festigkeit des zylindrischen Stabes noch nicht erreicht ist. Dies führte zur Unterscheidung der Kerbwirkung (der Hohlkehle) von der gleichfalls festigkeitsmindernden Gestaltwirkung (der Kraftumlenkung).

Eine weitere Steigerung der Festigkeit der Kröpfung ist nun aber trotzdem möglich, und zwar durch Veränderung der Gestalt der Wange. Die Gestaltwirkung kommt dadurch zustande, daß der gesamte, durch den Zapfen gehende „Kraftfluß" nach einer Richtung abgelenkt wird. Gelingt es, diese Ablenkung des Kraftflusses mehr auf den Umfang des Zapfens zu verteilen, so ist eine Milderung des Festigkeitsabfalls zu erwarten. Dies gelingt in der Tat durch Verbreiterung der Wange, so daß diese den Zapfen rund umfaßt (Abb. 116 und 117 c bis f). Noch mehr gelingt es durch gewaltsame Hinausdrängung des Kraftflusses aus der Wangenmitte (Abb. 118 bis 120).

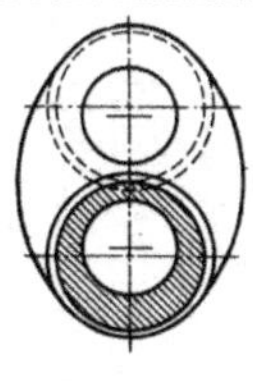

Abb. 122. Exzentrische Anordnung der Zapfenbohrung. Hierdurch werden die äußeren Bereiche des Kurbelzapfens stärker zum Mittragen herangezogen. Eine Verlegung der Bohrung nach *außen* wäre wohl für die Bearbeitung, nicht aber für die Gestaltfestigkeit günstiger (vgl. Abb. 141).

Es ist übrigens beachtenswert, daß das Ausmaß der Gestaltwirkung genau wie das der Kerbwirkung nicht allein von der Gestalt, sondern auch vom Werkstoff abhängt (man vgl. Abb. 121 mit Abb. 112 und 115), so daß man von einer verschiedenen *Gestaltempfindlichkeit* der Werkstoffe sprechen muß. Man sieht, daß Gestaltempfindlichkeit und Kerbempfindlichkeit nicht unbedingt miteinander zusammenhängen.

e) Zapfenbohrung. Aus Abb. 116 und vor allem Abb. 117, der gleichfalls Versuche des Verfassers zugrunde liegen, geht hervor, daß auch die Zapfenbohrung einen günstigen Einfluß auf die Festigkeit der Kröpfung besitzt. Dies hängt nicht nur, wie ganz augenfällig bei Abb. 117g, damit zusammen, daß bei den vollen Zapfen die Nennspannung bei gleichem Gesamtmoment wesentlich niedriger ist, sondern auch mit der oben geforderten gleichmäßigeren Verteilung der Kraftumlenkung über den Zapfenumfang. Wieweit eine Hinausverlegung der Bohrung aus der Kurbelzapfenachse eine günstige Wirkung hat (Abb. 122), wurde zahlenmäßig noch nicht festgestellt. Erwiesen ist dahingegen die haltbarkeitssteigernde Wirkung einer tonnenförmigen Gestalt der Bohrung (Abb. 117 h bis m). Hierdurch „ragt die Wange gewissermaßen in die Bohrung hinein". Man kann die festigkeitssteigernde Wirkung einer Einziehung der Zapfenbohrung unter der Hohlkehle auch als Entlastung der Hohlkehle deuten (Abb. 123. Vgl. auch Abb. 140).

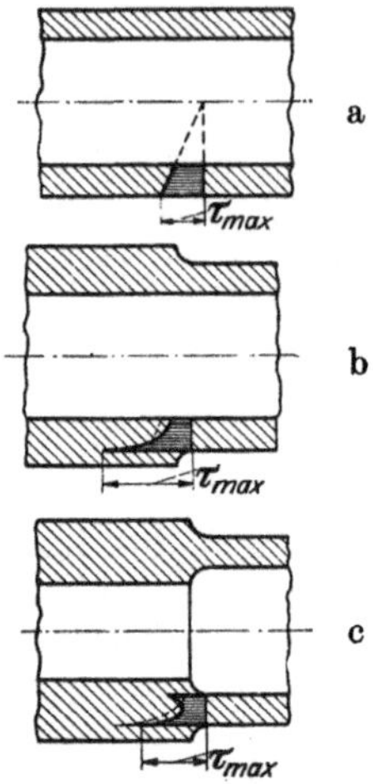

Abb. 123. Entlastung der Hohlkehle durch die Bohrung (Schema der Schubspannungsverteilung).
a) Glatte Hohlwelle, lineare Verteilung der Schubspannung.
b) Abgesetzte Hohlwelle, starke Kerbwirkung an der Hohlkehle.
c) Teilweise Entlastung der äußeren Hohlkehle durch die Kerbwirkung einer innen angeordneten Hohlkehle.

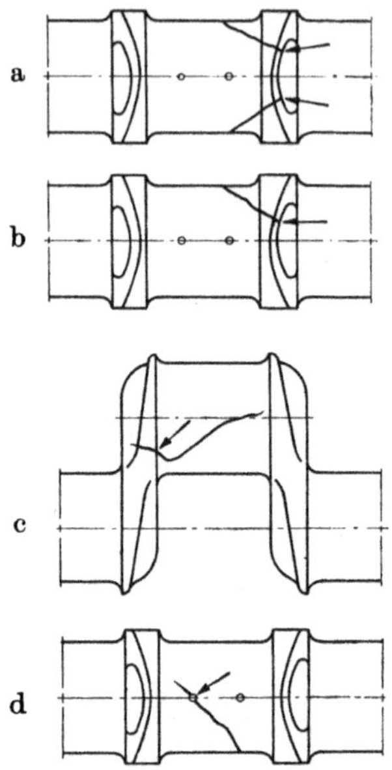

Abb. 124. Verlauf des Dauerbruchs bei Verdrehschwingversuchen mit Kurbelkröpfungen.
a) Beanspruchung sehr hoch, $\tau = 22$ kg/mm², zwei Bruchausgänge vom Austritt der Zapfenbohrung.
b) Beanspruchung hoch, $\tau = 20$ kg/mm², Bruchausgang vom Austritt der Zapfenbohrung.
c) Beanspruchung mittelhoch, $\tau = 16$ kg/mm², Bruchausgang von der Hohlkehle.
d) Beanspruchung wenig über der Dauerhaltbarkeit, $\tau = 10$ kg/mm², Bruchausgang von der Ölbohrung.

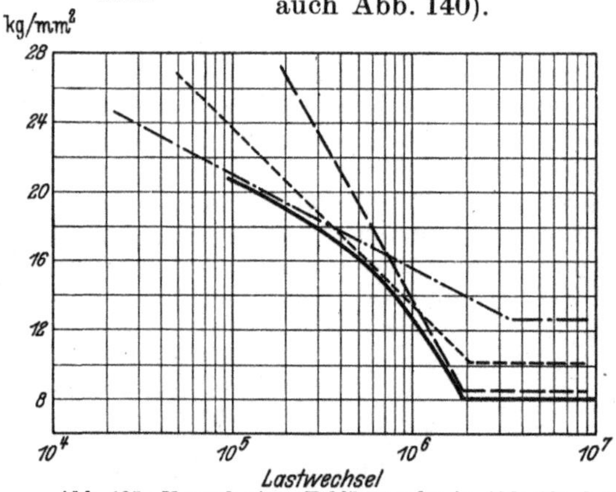

Abb. 125. Versuch einer Erklärung der in Abb. 124 dargestellten Gesetzmäßigkeit.
— — — — Wöhlerkurve des Hohlstabes,
— · — · — ,, der ungebohrten Kröpfung,
- - - - - ,, des Stabes mit Ölbohrung,
· · · · ,, der ganzen Kröpfung.

f) Die Kröpfung als Ganzes. Die Einflüsse der Kröpfung, der Hohlkehle und der Ölbohrung auf die Gestaltfestigkeit überlagern sich derart, daß das jeweils schwächste Element für den Grad der Bruchgefahr maßgebend ist. Indessen ist das schwächste Element nicht immer auf den ersten Blick zu erkennen. Bei Versuchen des Verfassers trat der Dauerbruch an ganz verschiedenen Stellen ein, je nachdem wie hoch die Beanspruchung oberhalb der Dauerwechselfestigkeit der Kurbelkröpfung lag (Abb. 124). Es läßt sich diese Erscheinung leicht erklären, wenn man annimmt, daß die den verschiedenen Elementen zugeordneten Wöhlerkurven sich überschneiden (Abb. 125). Wollte man also mit einem möglichst kurzdauernden

Ermüdungsversuch mit hoher Wechselbelastung auskommen, so würde man zu dem trügerischen Schluß kommen, als sei in vorliegendem Fall die Hohlkehle das schwächste, am meisten verbesserungsbedürftige Element der Kröpfung, während die in diesem Fall wirklich schwächste Stelle, nämlich die Ölbohrung, als solche unerkannt bliebe.

Es sei betont, daß die Verhältnisse bei anderen Abmessungen und anderem Werkstoff gerade umgekehrt liegen können wie hier. Jedenfalls aber scheint hier der Schlüssel für manche voneinander abweichende Ergebnisse des Laboratoriumversuchs und des praktischen Betriebes zu liegen[1].

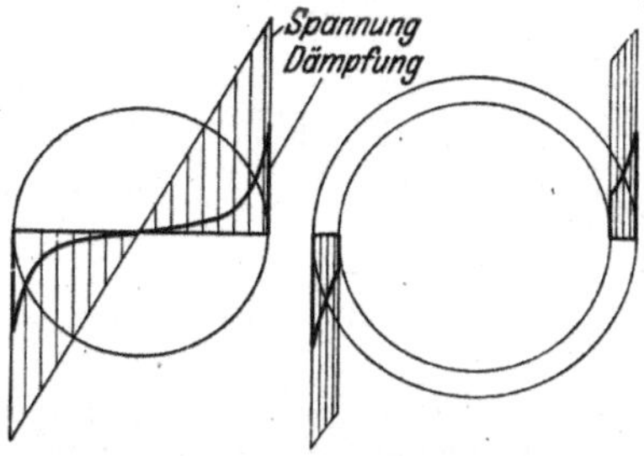

Abb. 126. Spannungs- und Dämpfungsverteilung in verdrehbeanspruchten Stäben.
a) Rundstab: Mittelspannung etwa 67 vH der Höchstspannung, Mitteldämpfung etwa 19 vH der Höchstdämpfung.
b) Hohlstab vom gleichen Widerstandsmoment: Mittelspannung etwa 92 vH der Höchstspannung, Mitteldämpfung etwa 74 vH der Höchstdämpfung.

g) Dämpfung. Die Ausnutzung der Werkstoffdämpfung einer Kurbelwelle ist vom Standpunkt der Konstruktion eine recht problematische Angelegenheit. Zunächst ist die Dämpfung nicht konstant, sondern ändert sich mit der Zeit und mit der Beanspruchung nach bisher nicht erkannten Gesetzmäßigkeiten. Ferner nimmt sie in der Regel erst kurz unterhalb der Wechselfestigkeit einen bemerkenswerten Betrag an, so daß zu ihrer wirkungsvollen Ausnutzung der Bauteil möglichst gleichmäßig hoch beansprucht sein muß. Bei einem auf Verdrehung beanspruchten Rundstab ist die Dämpfung z. B. wesentlich geringer als bei einem Hohlstab (Abb. 126). Erreicht die Spannung nur an einzelnen begrenzten Stellen hohe Werte, so dämpft der Werkstoff auch nur an diesen Stellen besonders stark, und dieser im Verhältnis zum gesamten Werkstoffvolumen kleine Dämpfungsbetrag wird wirkungslos verschluckt. Die einzige allgemein gültige Konstruktionsregel, die sich also zur Ausnutzung der Werkstoffdämpfung angeben läßt, ist die, mit möglichst gleicher Spannung zu konstruieren. Mit anderen

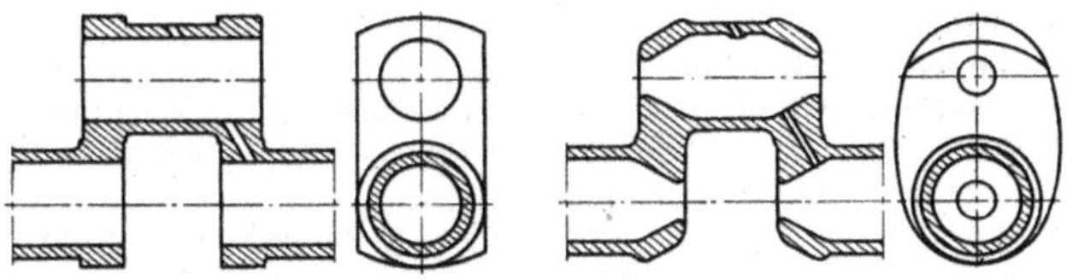

Abb. 127. Kröpfung einer Flugmotorkurbelwelle.
a) Ältere Ausführung: Ungünstige Spannungsverteilung infolge scharfer oder nur schwach ausgerundeter Hohlkehlen, eckiger Wangen mit toten Ecken, großer glatter Zapfenbohrungen, scharfkantiger Ölbohrungen. Gestaltfestigkeit etwa 6 kg/mm².
b) Neuere Ausführung: Günstige Spannungsverteilung infolge gut ausgerundeter oder gar parabelförmiger Hohlkehlen (Entlastungsübergänge), ovaler, breitumfassender Wangen ohne tote Ecken, tonnenförmiger Zapfenbohrungen, gut rundgekanteter Ölbohrungen. Gestaltfestigkeit über 12 kg/mm².

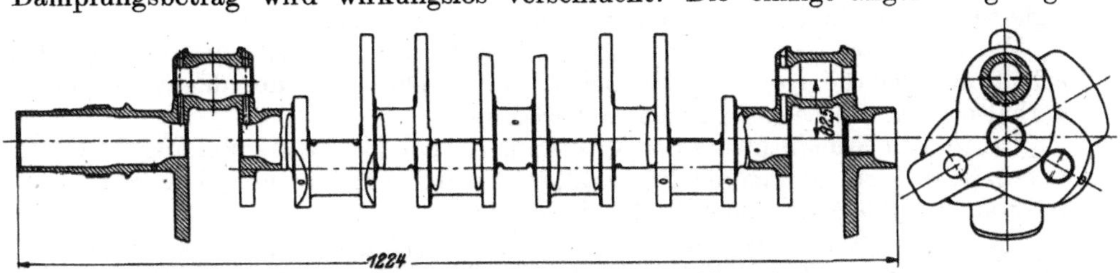

Abb. 128a. Kurbelwelle eines Junkers-Dieselflugmotors.

[1] Im Zusammenhang hiermit wäre es denkbar, daß auch ein Einfluß der Kurbelversetzung auf die Haftbarkeit bestünde. Untersuchungen liegen hierüber bisher nicht vor.

Worten: *die höchstmögliche Gestaltfestigkeit gewährleistet auch die bestmögliche Ausnutzung der Werkstoffdämpfung.*

Mit Vorstehendem haben wir die eigentlichen Gesichtspunkte der Gestaltfestigkeit von Kurbelwellen erschöpft. Die Bemessung der „Nebenelemente", wie Anschlußflansche, Anlaufbünde, Zahnkränze u. dgl. unterliegt den gleichen Regeln wie bei anderen Maschinenelementen; hierauf braucht also in diesem Zusammenhang nicht näher eingegangen zu werden.

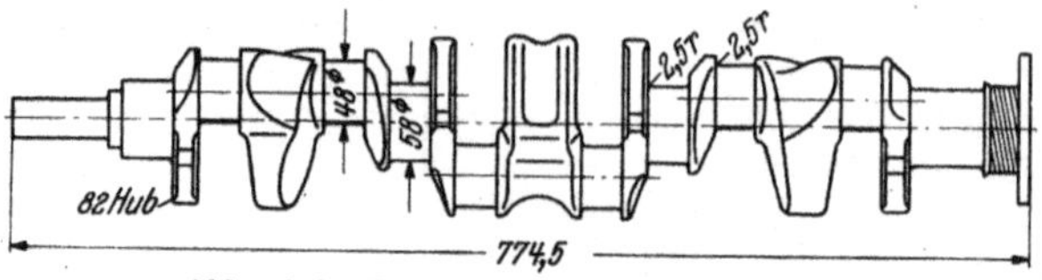

Abb. 128b. Kurbelwelle eines Opel-2,5-l-Motors.

Die Gestaltfestigkeit *zusammengesetzter Kurbelwellen* (vgl. S. 100ff.) ist bisher noch nicht untersucht worden. Entsprechende Versuche sind aber von den in Frage kommenden Instituten in Aussicht gestellt worden. Nach Untersuchungen über ähnliche Verbindungen an anderen Bauteilen ist damit zu rechnen, daß die Biege-Dauerhaltbarkeit durch Schrumpf- und Klemmverbindungen stark erniedrigt wird, während die Verdrehhaltbarkeit weniger beeinflußt wird.

Zusammenfassend ist über die Gestaltfestigkeit der Kurbelwellen zu sagen, daß es bei Beachtung aller geschilderten Gesichtspunkte möglich ist, eine Haltbarkeit zu erreichen, welche der Werkstoffestigkeit unter Berücksichtigung des Maßstabeinflusses nahekommt (vgl. Abb. 106). Eine genaue Vorausberechnung der Gestaltfestigkeit ist bisher nicht möglich; zuverlässige Auskunft gibt nur der Versuch.

D. Konstruktionsgesichtspunkte.

Außer reinen Festigkeitsfragen muß man bei der Gestaltung einer Kurbelwelle noch eine Reihe weiterer Gesichtspunkte beachten, welche teils durch die Herstellungsweise, teils durch den Aufbau oder die Arbeitsweise des Motors und teils durch rein wirtschaftliche Erwägungen gegeben sind. Die wichtigsten sollen im folgenden Abschnitt behandelt werden.

1. Werkstoffragen.

Als Werkstoff für Kraftwagenkurbelwellen wählt man in der Regel einen normalen Kohlenstoffstahl mittlerer Festigkeit ($\sigma_B = 50$ bis $70\ \text{kg/mm}^2$). Im Gegensatz zu der verbreiteten Ansicht, daß höchste Festigkeit und Zähigkeit notwendig sei, ist es in den meisten Fällen nicht einmal nötig, eine besondere Vergütung vorzunehmen. Wie schon oben angedeutet, wächst in der Regel mit der Vergütungsstufe die Kerb- und Gestaltempfindlichkeit, so daß einer hohen Festigkeitszunahme nur ein geringer Gewinn an Gestaltfestigkeit gegenübersteht. Ein Regelstahl nach DIN-Vorschrift St C 45.61 von mittlerer Vergütungsstufe dürfte in den meisten Fällen allen Anforderungen gewachsen sein. Die Anwendung hochlegierter Sonderstähle ist in keinem Falle gerechtfertigt.

Wo ein guter, unlegierter Kohlenstoffstahl versagt, ist entweder die Verarbeitung oder die Konstruktion der Kröpfungselemente oder das Schwingungsverhalten der Kurbelwelle nicht in Ordnung.

Bei großen Stückzahlen eines Musters ist zweifellos die Herstellung im Gesenk vorzuziehen. Bei geringeren Stückzahlen kommt handgeschmiedete Herstellung oder auch Drehen aus dem Vollen in Frage.

Über die Möglichkeit des Drehens aus dem Vollen und die Gefahr des Anschneidens der „Fasern" wurde bereits gesprochen (S. 84). Das Hauptkennzeichen des „Fasercharakters" eines Stahles besteht in dem Unterschied der Eigenschaften *in* und *quer zur* Verschmiedungsrichtung. Am deutlichsten spricht hierauf die Kerbzähigkeit an. Bei Stählen mit ausgesprochener „Zeilenstruktur" sind quer zur „Faserrichtung" Kerbzähigkeiten beobachtet worden, die nur 20 vH. der Längswerte betrugen. Solche Stähle sind für viele Zwecke trotzdem außerordentlich gut brauchbar, für Kurbelwellen dagegen kann man sie nicht verwenden. Die Zeilenstruktur hängt außer vom Verschmiedungsgrad von der Reinheit des Stahles ab. Was sich im Gefügebild als „Zeilen" darstellt, sind hauptsächlich Schlacken- und Oxydeinschlüsse.

Man achte also darauf, als Kurbelwellenwerkstoff ein möglichst reines Material zu verarbeiten. Es ist Aufgabe des Stahlwerkers, dieses anzuliefern. In manchen Fällen wird die Aufgabe mit Hilfe geringer Mengen bestimmter Legierungszusätze erleichtert. Diese sind dann nicht zur Erhöhung bestimmter Festigkeitseigenschaften bestimmt, sondern dazu, diesen möglichst große Gleichmäßigkeit zu verleihen[1].

Durch Anwendung höherer Vergütungsstufen oder durch höhere Legierungszusätze ist eine wesentliche Steigerung der Zerreißfestigkeit möglich, wobei aber die Gestaltfestigkeit der Kurbelkröpfung nicht in gleichem Maße zunimmt. Maßgebend hierfür ist vielmehr die Unempfindlichkeit gegen Kerben, die mit der Dämpfungsfähigkeit Hand in Hand geht. Eine Anzahl gebräuchlicher Kurbelwellenstähle ist in Zahlentafel 15 zusammengestellt.

Neben Schmiedestahl kommen eine Anzahl anderer Werkstoffe für Kurbelwellen in Frage. Insbesondere bemüht man sich um die Lösung zweier Aufgaben:

1. Vereinfachung der Formgebungsmöglichkeit durch Verwendung gießbarer Werkstoffe,
2. Gewichtsersparnis durch Verwendung von Leichtmetall.

Unter den gießbaren Werkstoffen liegt wohl der gegossene Stahl am nächsten. Dieser findet indessen für Kurbelwellen schnellaufender Verbrennungskraftmaschinen

Zahlentafel 15. Übersicht über einige wichtige Kurbelwellenwerkstoffe (Durchschnittswerte).

Bezeichnung	C vH	Mn vH	Si vH	Cr vH	Ni vH	Mo vH	Sonstige vH	Zustand	σ_S kg/mm²	σ_B kg/mm²	δ_{10} vH	Verwendungsgebiet
St 50.11	0,35	< 0,8	< 0,35	—	—	—	—	Anlieferung	30	65	18	niedrig beanspruchte Kurbelwellen
StC 35.61	0,35	< 0,8	< 0,35	—	—	—	—	vergütet	33	60	18	
St 60.11	0,45	< 0,8	< 0,35	—	—	—	—	Anlieferung	35	65	14	mittelhoch beanspruchte Kurbelwellen
StC 45.61	0,45	< 0,8	< 0,35	—	—	—	—	vergütet	38	70	14	
VCMo 135	0,35	< 0,8	< 0,35	1,1	—	0,2	—	vergütet	55	90	8	Flugmotor-Kurbelwellen
VCMo 140	0,40	< 0,8	< 0,35	1,1	—	0,2	—	vergütet	70	102	6	
ECMo 100	0,20	1,0	< 0,35	1,2	—	0,25	—	einsatzgehärtet	95	125	—	
E-C-100	0,2	1,3	< 0,4	1,2	—	—	—	einsatzgehärtet	75	125	5	
Cr-Mo-Ni-Verg.-Stahl	0,35	< 0,6	< 0,35	1,3	2,2	0,3	—	vergütet	90	120	6	
Cr-V-Verg.- und Nitrier-Stahl	0,3	< 0,6	< 0,4	2,5	—	—	0,25 V	vergütet oder nitriert	80	100	8	
Ford-Halbstahl	1,5	0,8	1,0	0,6	—	—	1,8 Cu	vergütet	40	60	2	Gußkurbelwellen für Kraftwagen
KW-Gußeisen	2,8	0,8	2,0	0,2	0,4	0,8	—	Gußzustand	—	44	—	

[1] Als Prüfverfahren der *Reinheit* des Materials ist ein Vergleich der Kerbzähigkeit a_k eines stark verschmiedeten Stangenmaterials längs und quer zur Verschmiedungsrichtung recht geeignet. Ist das Verhältnis $a_{k\,\text{quer}}/a_{k\,\text{längs}}$ nahezu gleich 1, so ist es ganz unbedenklich, die Kurbelwelle aus dem Vollen zu drehen. Ein „Anschneiden der Faser" ist dann nicht gefährlich. Natürlich wird man sich in diesem Fall überlegen müssen, ob der damit verknüpfte Werkstoffabfall aus Kosten- oder Rohstoffrücksichten zu verantworten ist.

kaum Verwendung. Dagegen sind in einigen Maschinentypen mit Erfolg dem Grauguß ähnliche Kurbelwellenstoffe verwendet worden. Das graue *Gußeisen* ist wegen seiner praktisch unbegrenzten Formgebungsfähigkeit, seiner geringen Kerbempfindlichkeit, seiner hohen Werkstoffdämpfung und vor allem wegen seiner unübertroffen guten Laufeigenschaften für die Herstellung von Kurbelwellen besonders geeignet. Trotz geringer Werkstoffestigkeit gelingt es durch planmäßige Anwendung der Gesichtspunkte der Gestaltfestigkeit (die hier auf weniger Schwierigkeiten stoßen als beim oberflächenempfindlichen Stahl), eine verhältnismäßig hohe Haltbarkeit zu erreichen, so daß in vielen Fällen gußeiserne Kurbelwellen anstatt der früher allein verwendeten Stahlkurbelwellen zu empfehlen sind. Hierdurch ergibt sich u. U. ein erheblicher Preisvorteil, besonders wenn man einen Werkstoff wählt, der keiner Nachbehandlung (Wärmebehandlung oder Oberflächenhärtung) bedarf. Verschiedene bekannte Gießereien haben zu diesem Zweck besondere, meist niedrig legierte Graugußsorten entwickelt (*68*). Hierbei haben die Legierungssätze meist weniger die Aufgabe, die Festigkeit an sich zu erhöhen, als vielmehr für den Gießer die Treffsicherheit zu erhöhen, da die Herstellung gleichmäßiger Gußqualität bei niedrigen Kohlenstoffgehalten keine einfache Aufgabe ist. Daneben wurde bereits auf den günstigen Einfluß gewisser geringer Legierungszusätze auf die Gestaltfestigkeit hingewiesen.

Höher legierte Gußeisensorten für Kurbelwellen sind aus Amerika bekannt geworden (*69*). Auch Temperguß findet für Kurbelwellen Verwendung (*70*). Einen ganz anderen Weg beschreitet die Firma Ford, die einen Werkstoff verwendet (*71*), der seiner Zusammensetzung und seinen Festigkeitseigenschaften gemäß eine Sonderstellung zwischen dem Stahl und dem Gußeisen einnimmt und vielfach als *Halbstahl* bezeichnet wird. Auf Grund der bei diesem notwendigen komplizierten Wärmebehandlung würde man ihn besser einen legierten Schnelltemperguß nennen. Seiner verbreiterten Anwendung dürfte neben dem Gehalt an Legierungszusätzen hauptsächlich die verhältnismäßig schwierige Vergießbarkeit im Wege stehen.

Über die Verwendung von Leichtmetall für Kurbelwellen ist außer einigen Versuchen bisher nichts bekannt geworden.

2. Herstellungs- und Verarbeitungsrücksichten.

Schon bei der Konstruktion ist auf der Möglichkeit des Schmiedens im Gesenk Rücksicht zu nehmen. Da jeder neue Bearbeitungsgang die Welle verteuert, sucht man im allgemeinen mit der Bearbeitung der Lager- und Sitzstellen, sowie der Ölbohrungen auszukommen und alle anderen Abschnitte der Welle unbearbeitet zu lassen. Man sucht also Aushöhlungen oder Hinterschneidungen nach Möglichkeit zu vermeiden und den Umrissen eine möglichst gesenkgerechte Form zu geben, mit einem geringen „Anzug" (3 bis 10 vH) der zur Teilungsebene senkrechten Flächen (Abb. 129). Auch eine erhebliche Einbuße an Gestaltfestigkeit nimmt man unter Umständen in Kauf und vergrößert lieber die Abmessungen und damit das Gewicht, um die Nennspannungen herunterzusetzen. Maßgebend hierfür sind die Gesamtkosten.

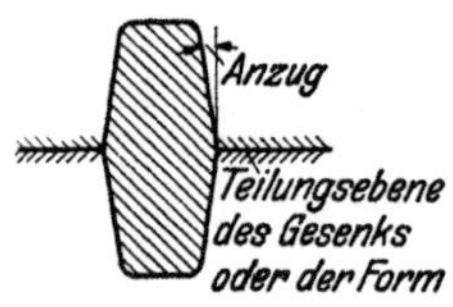

Abb. 129. Kurbelwangenquerschnitt.

Anders ist es bei Flugmotorkurbelwellen, bei denen es sich darum handelt, aus einem Mindestmaß an Gewicht ein Höchstmaß an Belastungsfähigkeit herauszuholen. Infolge der hohen Oberflächenempfindlichkeit der üblichen Sonderstähle ist daher hier eine peinlich sorgfältige Bearbeitung *aller* Bereiche notwendig. Hier steht eine große Reihe von Spezialwerkzeugen und -werkzeugmaschinen zur

Verfügung. Die Preise solcher Wellen haben natürlich dementsprechend eine ganz andere Größenordnung.

3. Behandlung der Lagerzapfen.

An Lagerzapfen, die in Weißmetallagern laufen, ist eine Oberflächenhärtung kaum notwendig. Erst die höheren spezifischen Lagerdrücke der Fahrzeugdieselmotoren und die härteren Lagermetalle (z. B. auf Blei-Kupfer-Basis) erfordern harte Laufzapfen. Bei Fahrzeug-Ottomotoren werden sie höchstens durch den Wunsch nach längeren Laufzeiten ohne Überholung veranlaßt.

Zunächst kommt das *Einsatzhärten* der Laufzapfen in Frage. Die erforderliche lange Behandlungszeit ist der Hauptgrund, weshalb dieses Verfahren heute stark im Hintergrund steht. Ein weiterer Grund ist der oft erhebliche Verzug der Welle bei der Behandlung, der durch nachträgliches Richten nicht vollständig ausgeglichen werden kann und durch das Fertigbearbeiten kompensiert werden muß. Hierdurch bleibt in jedem Falle eine ungleichmäßig starke Härteschicht stehen.

Zweckmäßiger ist die *örtliche Martensithärtung* der Zapfenoberflächen. Hierzu ist es allerdings notwendig, daß die Kurbelwelle aus einem lufthärtenden Vergütungsstahl besteht. Die vergütete und auf die gewünschte Festigkeit angelassene Welle läuft in den Spitzen einer Drehbank; die zu härtenden Stellen werden mittels einer Gasflamme auf Härtewärme (etwa 800^0) erhitzt und kühlen an der Luft ab. Auf diese Weise wird an den Lagerstellen eine Härte von etwa 400 Brinelleinheiten erzielt.

Aus dem Bestreben, den Grundgedanken dieses Verfahrens auf normale Kohlenstoffstähle auszudehnen, entstand das *Doppelduroverfahren*, wobei die zu härtenden Zapfenoberflächen gleichfalls durch Gasbrenner über die Umwandlungslinie erhitzt, aber noch bevor diese Erhitzung in tiefere Zonen vorgedrungen ist, durch eine Wasserbrause abgeschreckt werden.

Eine Weiterentwicklung des Doppelduroverfahrens stellt das *Tocco-Verfahren*[1] dar. Die Einspannbacken der entsprechenden Härtemaschine bilden den Primärkreis eines Transformators, der in der zu härtenden Oberfläche hochfrequente Wirbelströme erregt. Auf diese Weise wird die Hitze im Werkstück selbst erzeugt. Die Backen sind mit Kanälen und Bohrungen versehen, durch die beim Abschalten des Stromes Druckwasser auf die Lauffläche gespritzt wird. Die ganze Behandlung dauert nur wenige Sekunden.

Ein recht bequemes Verfahren, das vor allem jegliche Gefahr des Verziehens ausschließt, ist das *Hartverchromen*. Es eignet sich leider nur für nicht hoch beanspruchte Zapfen, da die Dauerhaltbarkeit durch Hartverchromung ungünstig beeinflußt wird.

Als Oberflächenhärteverfahren kommt weiterhin das *Nitrieren* in Frage, das neben der Einsatzhärtung hauptsächlich im Flugmotorenbau Anwendung findet.

Soll die Kurbelwelle in *Wälzlagern* laufen, so besteht die Möglichkeit, die Kugeln oder Rollen ohne Innenring unmittelbar auf dem Wellenzapfen laufen zu lassen. Dessen Oberfläche muß dann nur so hart sein, daß die Kugeln oder Rollen sich nicht in die Oberfläche einarbeiten können. Es ist zweckmäßig, sich vor der Konstruktion mit der Herstellerfirma der Wälzlager in Verbindung zu setzen. Manchmal stattet man nur die Pleuelstange mit Wälzlagern aus und läßt die Hauptzapfen in Gleitlagern laufen, gelegentlich auch umgekehrt. Da die Verwendung geteilter Außenringe mit Schwierigkeiten verknüpft ist, muß man ent-

[1] Nach den Anfangsbuchstaben des Erfinderwerks The Ohio Crankshaft Co.; vgl. Iron Age Bd. 138 (1936) Nr. 18 S. 26—29.

weder die Kurbelwelle teilen oder die Wange so ausführen, daß sich die Außenringe über die ganze Kröpfung streifen und die Rollen einschließlich des geteilten Käfigs nachträglich einschieben lassen (Abb. 130). Auf die Zweckmäßigkeit der Verwendung von *Nadellagern* sei in diesem Zusammenhang hingewiesen (Abb. 131).

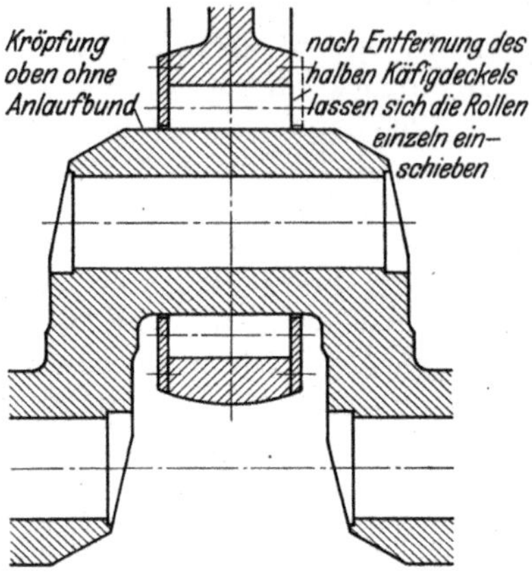

Abb. 130. Kurbelkröpfung mit in Rollen gelagertem Pleuel. Das Pleuel läßt sich über die ganze Kurbelwelle streifen, danach werden die Rollen einzeln eingeführt.

Die ausgezeichneten Laufeigenschaften mancher *Kunststoffe* haben dazugeführt, diese als Werkstoff für Lagerschalen zu verwenden. Bei Kraftwagenmotoren bestehen hierbei Schwierigkeiten hinsichtlich der Wärmeabfuhr, da die Kunststoffe stark isolieren. Man hilft sich vielfach dadurch, daß man die Laufzapfen der Kurbelwelle mit dünnen Kunststoffschalen beklebt, die dann in gekühlten Lagern aus beliebigem Werkstoff laufen (*72*).

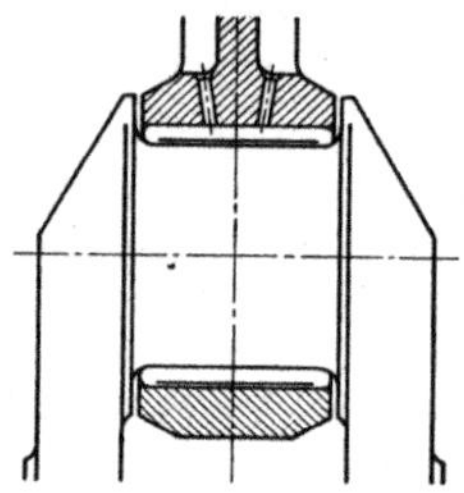

Abb. 131. Lagerung in Nadeln. Das Nadellager, ein käfigloses, hochbelastbares Wälzlager, zeichnet sich durch besondere Robustheit und anspruchslose Schmierung aus.

4. Anordnung der Ölleitungen.

Eine direkte Schmierung der Pleuellager durch das im Kurbelkasten umherspritzende Öl ist theoretisch möglich, aber praktisch stets unzureichend, wenn nicht besondere Auffangvorrichtungen vorhanden sind. Abb. 132 zeigt eine kleine, sehr schnell laufende Welle, bei der das Öl in einer Rinne in der Kurbelwange aufgefangen und unter Ausnutzung der Fliehkraft in einen Schmierölkanal geleitet wird. Diese einfache Art der Ölführung lassen sich jedoch nur Lager gefallen, die schmiertechnisch so anspruchslos sind wie die im vorliegenden Falle verwendeten Nadellager.

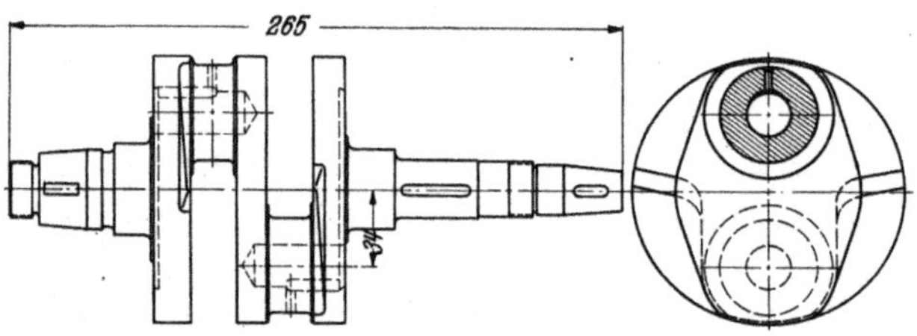

Abb. 132. Kurbelwelle des Zündapp-Kraftradmotors KS 600.

Die Regel ist, sofern man nicht besondere Organe vorsieht, welche die Schmierung des Pleuellagers von außen her besorgen, daß die Kurbelwelle Kanäle besitzen muß, die einen Zutritt des Schmierstoffs von den Hauptlagern zu den Pleuellagern ermöglichen. Eine diesbezügliche Öffnung im Hauptlagerzapfen der Kurbelwelle gleitet über die Öffnung des in das Hauptlager einmündenden Ölkanals des Gehäuses. Der im Innern dieses Kanals herrschende Öldruck von mehreren at treibt im Augenblick des Darübergleitens eine gewisse Ölmenge in den Zapfen hinein, die dann teils durch den verbleibenden Druck, zum größeren Teile jedoch durch die Fliehkraft durch den Kurbelarm in den Pleuelzapfen getrieben wird. Es wurde gelegentlich empfohlen, eine Schöpfwirkung der Bohrungskante dadurch hervorzurufen, daß man den Ölkanal nicht radial, sondern schräg in den Zapfen eintreten läßt; einen erheblichen Gewinn darf man sich hiervon nicht versprechen.

Im Fall voller Zapfen genügt je eine schräge Querbohrung von einem Kurbelzapfen zum nächstbenachbarten Hauptlagerzapfen, wobei man darauf zu achten hat, daß die Bohrung genau durch die Mitte der Wange geht. Die Bohrung vermindert unter allen Umständen die Gestaltfestigkeit der Welle; der zahlenmäßige Einfluß sowie die Mittel zur Verringerung dieses Einflusses wurden im vorigen Abschnitt behandelt. An dieser Stelle sei nochmals auf die Wichtigkeit einer sauberen Ausrundung der Bohrungskante hingewiesen.

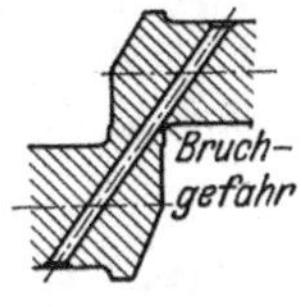

Abb. 133. Fehlerhafte Anordnung der Ölbohrung.

Manchmal ist es nicht möglich, die Mitte der Oberkante des Kurbelzapfens mit der Mitte der Unterkante des Hauptlagerzapfens in einem einzigen Bohrungsgang zu verbinden, ohne entweder erheblich aus der Mitte der Kurbelwange oder gar ganz aus der Kurbelwange herauszugeraten (Abb. 133). In solchen Fällen muß man von beiden Seiten bohren, so daß die Bohrungen sich im Innern der Welle treffen. Man achte darauf, daß die Durchdringung beider Bohrungen möglichst in ein Gebiet niedriger Beanspruchung kommt, da meist an der Durchdringungskurve scharfe Kanten und sonstige festigkeitsmindernde Kerbstellen nicht ganz zu vermeiden sind.

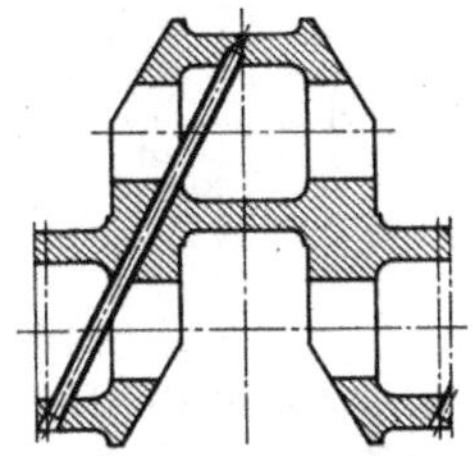

Abb. 135. Ölführung durch eingezogene Röhrchen.

Ist der Hauptlagerzapfen oder der Kurbelzapfen hohl gebohrt, so muß man entweder die Bohrung verschließen oder besondere Ölleitelemente vorsehen. Zum Verschließen der Zapfenbohrung genügt es oft, einen Pfropfen aus weichem Metall (Aluminium, Elektron) einzudrücken und zu verstemmen. Auch eingedrückte Blechdeckel werden verwendet (Abb. 134a). Bei Wellen mit höherer Beanspruchung, insbesondere Flugmotorwellen (*73*), zieht man lösbare Verschlußdeckel vor, um dem Ölschlamm leichter entfernen zu können. Neben Schraubverschlüssen (b) verwendet man konische Deckel, die durch Bolzen festgezogen werden (c). Bei zu schwacher Bemessung verbiegen sich die Bolzen infolge der Fliehkräfte; auch neigen die konischen Deckel infolge der Verformung der Welle gelegentlich zum Fressen (vgl. auch Abb. 66). Ölleiteinsätze aus Elektron (d) haben sich gut bewährt. In Fahrzeugmotoren sind vorwiegend Röhrchen üblich (Abb. 135), die sauber eingesetzt und an den Enden verstemmt werden. Auch diese müssen so stark sein, daß sie durch die Fliehkräfte nicht verbogen oder gar zerrissen werden. Ein ölgefüllter größerer Hohlraum im Zapfen hat jedoch immer den Vorteil, daß sich der Schlamm absetzen kann und daß beim Anlaufen sofort Öl vorhanden ist. Bei zusammengesetzten Kurbelwellen besorgen die Glieder, welche die Teile zusammenhalten, meist auch den Verschluß des Ölkanals (Abb. 136).

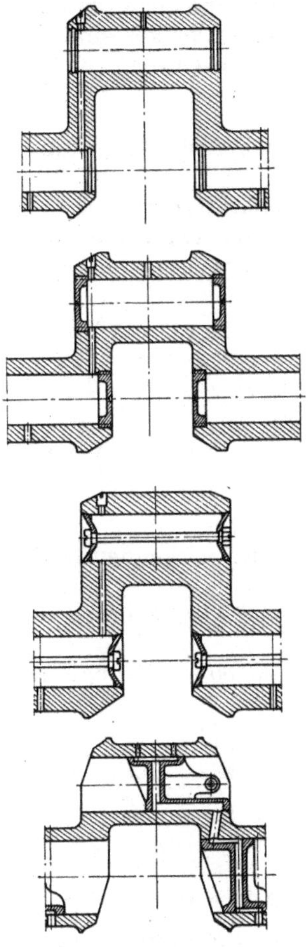

Abb. 134. Verschlüsse der Kurbelzapfenbohrung.
a) eingepreßte Deckel,
b) Gewindedeckel,
c) konische Deckel,
d) Ölleiteinsätze.

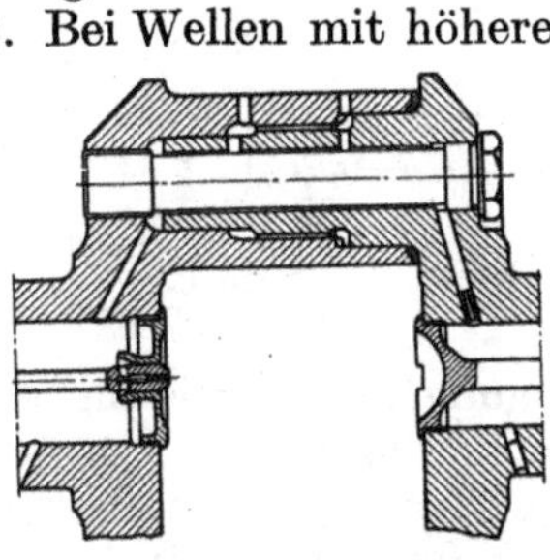

Abb. 136. Ölführung durch eine zusammengesetzte Kurbel.

Bei gegossenen Kurbelwellen wurde versucht, die Ölkanäle vorzugießen. In der Regel halten die dünnen Formkerne nicht stand. Dagegen gelingt es bei gewissen Gußwerkstoffen, eiserne Röhrchen einzugießen. Diese beeinflussen infolge der „Kokillenwirkung" die Erstarrung des Gußwerkstoffs und damit die Gefügeausbildung an diesen Stellen, haben infolge der damit verbundenen Gefügeungleichmäßigkeit also meist eine „innere Kerbwirkung" zur Folge, die nicht geringer ist als die einer normal bearbeiteten Bohrung. Besondere Geschicklichkeit und Erfahrung des Gießers können vereinzelt günstigere Ergebnisse bewirken.

5. Gegengewichte.

Die Gegengewichte einer Kurbelwelle kommen auf zweierlei Weise zur Wirkung, und zwar

1. durch Erzeugung von Fliehkräften, welche den Fliehkräften der an der Kurbel sitzenden Massen entgegenwirken, damit die Lager von diesen entlasten und die Kurbelwelle durch Verkleinerung der Biegemomente gewissermaßen

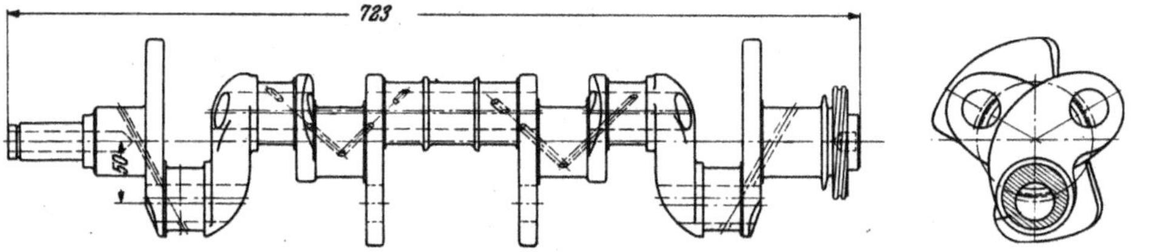

Abb. 137. Kurbelwelle eines Wanderer-Sechszylinder-Motors.

„dynamisch richten"; hierbei werden gleichzeitig die nach außen wirkenden freien Kräfte und Momente verringert,

2. durch Erniedrigung der Eigenschwingungszahlen infolge Vergrößerung der mitschwingenden Massen.

Hierzu kommt unter gewissen Umständen als dritter Punkt eine Schwingungs-

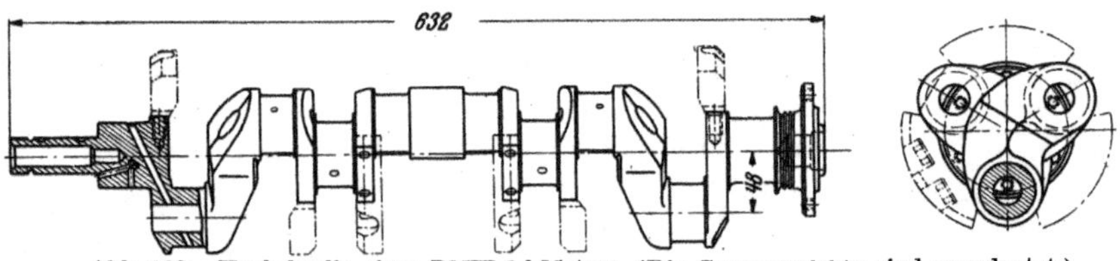

Abb. 138. Kurbelwelle eines BMW-2-l-Motors. (Die Gegengewichte sind angedeutet.)

tilgung durch Bildung eines auf diesen Zweck besonders abgestimmten Zusatzpendels (40).

Über die Notwendigkeit des Massenausgleichs von Maschinen mit geringer Kröpfungszahl (Ein- und Zweizylinder, Sternmotoren) besteht wohl kein Zweifel. Bei größerer Kröpfungszahl ist die Notwendigkeit von Gegengewichten eine Streitfrage, an der nicht nur der Kurbelwellenkonstrukteur beteiligt ist und die im Einzelfall, nicht aber im allgemeinen entschieden werden kann. Die mit den Gegengewichten verbundene Gewichtsvermehrung der Kurbelwelle zusammen mit der Erniedrigung der kritischen Drehzahlen ist manchmal so wenig erwünscht, daß man auf die Gegengewichte lieber verzichtet und höhere Lagerdrücke sowie eine gewisse Unruhe der Maschine in Kauf nimmt. Die praktische Lösung wird immer einen Kompromiß zwischen verschiedenen ungünstigen Wirkungen darstellen, wozu sich schließlich noch die Preisfrage gesellt. Meist hängt sie letzten Endes vom „technischen Geschmack" des Chefkonstrukteurs ab.

Die Anordnung der Gegengewichte hat so zu erfolgen, daß weder die Gestaltfestigkeit noch die Herstellungsmöglichkeit beeinträchtigt wird. Bei Gußwellen können die Gewichte angegossen werden. Bei Stahlwellen können sie angeschmiedet werden, wenn ihre Form die Herstellung von entsprechenden Gesenken erlaubt (Abb. 137). Da indessen angeschmiedete Gegengewichte u. U. das Gesenk erheblich verteuern und oft auch gleiche Gegengewichte für verschiedene Kurbelwellentypen des gleichen Fabrikats verwendet werden, die dann in großen Stückzahlen sehr billig angefertigt werden können, so zieht man in vielen Fällen die nachträgliche Anbringung der Gegengewichte vor. Abb. 138 zeigt eine Welle mit angeschraubten Gegengewichten. Die Anker dürfen natürlich nicht so weit in die Wange hineinreichen, daß der zur Erzielung einer genügenden Gestaltfestigkeit günstige Kraftfluß gestört wird. In Abb. 139 sind die Gewichte durch Bolzen an angeschmiedeten Stummeln befestigt. Bei der Welle des „Einheitsdiesels“ (Abb. 141) sind sie in Schwalbenschwänzen angehängt und mit Bolzen gesichert.

Abb. 139. Kurbelwelle des Argus-Flugmotors As 10.

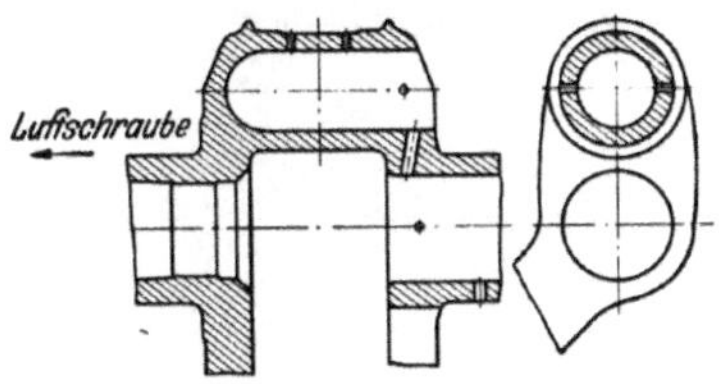

Abb. 140. Vorderste Kröpfung der Kurbelwelle des As 10-Flugmotors. Die für die Gestaltfestigkeit besonders günstige Form der Zapfenbohrung ist natürlich nur an *einer* Kröpfungsecke herstellbar.

Bei der Berechnung der Befestigungsorgane ist außer der Fliehkraft die wechselnde Biegung infolge der Massenwirkung des Gewichts bei Schwingungen zu berücksichtigen. Geht die Wirkungslinie der Fliehkraft nicht durch den Schwerpunkt der Befestigungsorgane, so ist das durch die Fliehkraft verursachte Biegemoment nicht zu übersehen.

Hinsichtlich der Befestigung der Gegengewichte bei Ausbildung als Taylorpendel sei auf das einschlägige Schrifttum verwiesen (40).

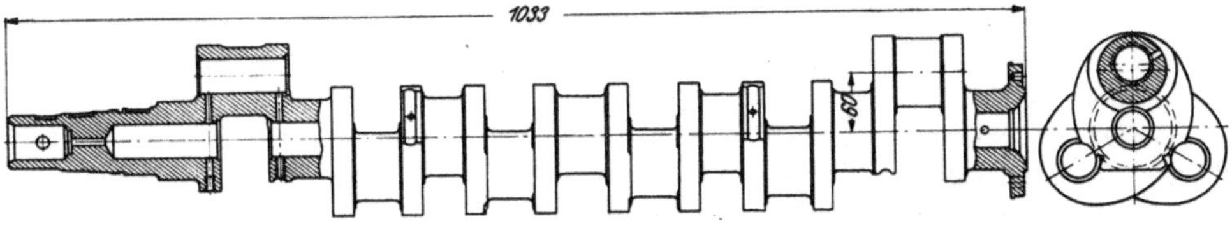

Abb. 141. Kurbelwelle des Heeres-Einheitsdieselmotors.

6. Auswuchten.

Ein vollkommener Massenausgleich ist allein durch die Anbringung von Gegengewichten nicht möglich; sehr hohe Drehzahlen bewirken schon bei ganz geringen Unwuchten derart große Fliehkräfte, daß oft der Massenausgleich weiter getrieben werden muß, als es sich durch die normalen Bearbeitungstoleranzen erreichen läßt. Hierzu dient das Auswuchten, ein Arbeitsgang, der darin besteht, die nach dem eigentlichen Fertigbearbeiten noch vorhandene Unwucht experimentell zu bestimmen und durch individuelles Nacharbeiten zu entfernen, gelegentlich auch durch nachträgliches Anbringen kleiner Zusatzmassen auszugleichen. Für das Auswuchten stehen heute preiswerte und sehr einfach zu bedienende Vorrichtungen zur Verfügung (Abb. 142), so daß es überall als normaler Arbeitsgang in die Kurbelwellenbearbeitung mit aufgenommen werden kann. Man sollte allerdings die Forderungen hier nicht zu weit treiben, da die hin- und hergehenden Massen Kräfte auslösen, die sich durch Auswuchten niemals ganz beseitigen lassen; vielmehr sollte man danach streben, mit der Wuchtung einen Bestwert des Massenausgleichs für hin- und hergehende *und* umlaufende Massen zu erreichen.

Für das Wegnehmen von Werkstoff bei der Wuchtung stehen in erster Linie die Gegengewichte zur Verfügung. Es ist dabei nicht notwendig, die Stoffwegnahme durch sorgfältiges Glätten zu verbergen. Einige rohe Anbohrungen in den Gegengewichten zum Zwecke des Ausgleichs (in Abb. 142 erkennbar) beeinträchtigen den Wert der Welle durchaus nicht. Sind keine Gegengewichte zur Stoffwegnahme vorhanden, so hat der Konstrukteur zu bezeichnen, an welchen anderen

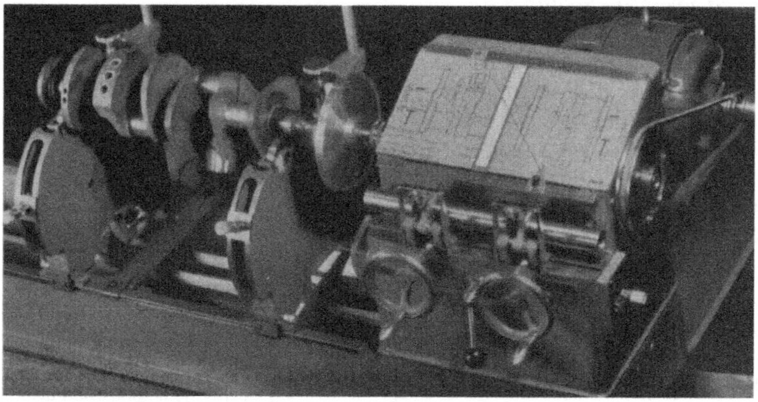

Abb. 142. Neuzeitliche Maschine zur Serienwuchtung von Kurbelwellen (SCHENCK)

Stellen und in welchem Ausmaß zum Zweck des Ausgleichs Stoff weggenommen werden darf. Daß diese Stoffentnahme nur in niedrig beanspruchten Zonen vorgenommen werden und die Gestaltfestigkeit der Welle nicht beeinträchtigen darf, bedarf keiner Erklärung.

7. Prüfverfahren.

Es sei noch kurz auf die Verfahren zur Serien- oder Stichprobenprüfung bei der Abnahme durch den Montagebetrieb eingegangen.

Zu einer serienmäßigen Abnahmeprüfung kommen nur solche Verfahren in Frage, die wenigstens das für gut befundene Stück nicht zerstören oder beschädigen. Für die betriebsmäßige Kontrolle ist daher die Fallhärteprüfung der Brinell- oder Rockwellprüfung vorzuziehen, besonders an Sitz- oder Laufflächen. Wo man auf größere Genauigkeit Wert legt, kommt die Vickers-Prüfung in Betracht.

Außer reiner Werkstoffprüfung kommt eine Untersuchung auf einwandfreie Ausführung der Bearbeitung, sowie auf etwaige Härte- oder Warmrisse in Frage, bei gegossenen Wellen außerdem auf undichte Stellen. In vielen Fällen empfiehlt sich eine Durchleuchtung mit Röntgenstrahlen, wenigstens von etwaigen besonders gefährdeten Stellen. Insbesondere Lunker in Gußkurbelwellen werden im Röntgenbild einwandfrei wiedergegeben (Abb. 143) (*74*). Risse dagegen werden im Röntgenbild nur dann deutlich erkennbar abgebildet, wenn der Röntgenstrahl nicht senkrecht zum Riß, sondern möglichst in der Rißebene einfällt. Wenn man auch in den meisten Fällen die zu erwartende Rißrichtung kennt und die

Aufnahmerichtung entsprechend wählen kann, so sind doch hier bereits die Grenzen des Verfahrens zu erkennen. Außerdem fällt die Kostspieligkeit des Röntgenverfahrens ins Gewicht.

Gerade zur Ermittlung von Oberflächenrissen haben sich zwei Verfahren gut eingeführt, das *Stromdurchflutungs-* und das *Magnetpulververfahren.* Beide Verfahren haben eine gewisse Ähnlichkeit miteinander und werden öfters, auch in der Literatur miteinander verwechselt.

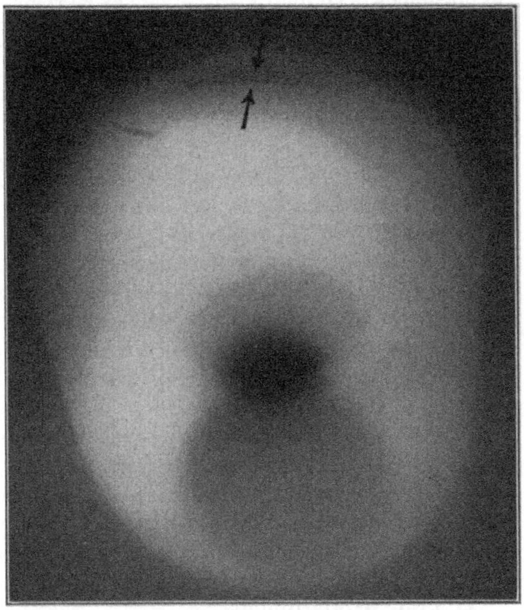

Abb. 143. Röntgenaufnahme eines Warmrisses in einer gegossenen Kurbelwelle (SCHIEBOLD).

Beim Durchflutungsverfahren wird ein starker elektrischer Strom durch die Welle geschickt, wodurch sie sich mit einem Magnetfeld umgibt. Beim Magnetpulververfahren wird die Welle direkt in einen kräftigen magnetischen Kreis gelegt. Hierdurch wird sie selbst stark magnetisch. Bei beiden Verfahren übergießt man die Welle mit einer Aufschwemmung von Eisenpulver. Wo die magnetischen Kraftlinien durch die Luft treten, halten sie das Eisenpulver fest, das sich demnach an Rißstellen längs des Risses ansammelt und das Vorhandensein und den Verlauf des Risses erkennen läßt. Mit dem Magnetpulververfahren werden Querrisse, mit dem Durchflutungsverfahren werden Längsrisse besser erkannt. Auch Risse oder undichte Stellen, die nicht zu tief unter der Oberfläche liegen, werden auf diese Weise sichtbar gemacht (Abb. 144).

Abb. 144. Sichtbarmachung eines Risses mittels des Magnetpulververfahrens (CLEMENTS).

Ein Prüfverfahren, das in der Praxis zur Prüfung gegossener Kurbelwellen verwendet wird, besteht darin, die Welle an den beiden äußeren Hauptlagerstützen aufzulegen und die beiden mittleren Kurbelzapfen nacheinander mit einer bestimmten Schlagarbeit auf Biegung zu beanspruchen. Es heißt, daß auf diese Welle fehlerhafte, d. h. mit Lunkern oder Erstarrungsrissen behaftete Wellen mit Sicherheit erkannt und ausgeschieden werden. Versuche des Verfassers haben ergeben, daß eine Welle, die den ersten Schlag ausgehalten hat, unter Umständen beim zweiten, dritten oder noch späteren Schlage bricht. Hieraus geht hervor, daß die Welle bereits durch die ersten Schläge, auch ohne gleich zu brechen, geschädigt wird, so daß sie weiteren Schlägen nun nicht mehr gewachsen ist. Diese Art der Prüfung scheint daher nicht unbedenklich zu sein.

Jedenfalls sind die zerstörungsfreien Prüfverfahren vorzuziehen. Es wäre zu wünschen, daß ein billiges und schnell arbeitendes Verfahren zur zerstörungsfreien Serienprüfung von Kurbelwellen entwickelt würde. Zwecks Sicherung guter

Laufeigenschaften sind zur Prüfung der Bearbeitungsgüte der Laufflächen Oberflächenprüfgeräte entwickelt worden, die meist nach optischen Prinzipien arbeiten.

Als Stichproben eignen sich natürlich auch diejenigen Verfahren, bei denen das Stück zerstört wird. Diese sind außerordentlich zahlreich und vielseitig. Es sei aber nachdrücklich darauf hingewiesen, daß man bei einem Kurbelwellenwerkstoff oder einer fertig hergestellten Kurbelwelle genau wie bei anderen Maschinenteilen nur solche Eigenschaften vorschreiben soll, die für die praktische Bewährung der Welle wirklich wesentlich sind, und daß man sich beim Vorschreiben von Toleranzen solcher Eigenschaften stets vor Augen halten soll, daß die verlangten Prüfverfahren und die praktischen Anforderungen meist sehr unvollkommen übereinstimmen. Die heutige Praxis geht hier in vielen Fällen zu weit.

8. Zusammengesetzte Kurbelwellen.

Aus Herstellungsgründen oder auch aus Montagerücksichten ist es manchmal zweckmäßig, die Kurbelwelle nicht aus einem Stück herzustellen, sondern aus mehreren Teilen zusammenzusetzen.

Dies kommt vor allem dann in Frage, wenn es nicht möglich ist, das Pleuellager geteilt auszuführen, beispielsweise bei Sternmotoren, bei denen am Hauptpleuel eine Reihe von Anlenkungen für die Nebenpleuel sitzen und kein Platz vorhanden ist, um die Verbindungselemente für den Pleuellagerdeckel anzubringen (vgl. S. 49 ff.).

Ferner kommt eine Teilung der Kurbelwelle in Frage, wenn man die Zapfen (Grund- und Kurbelzapfen) aus einem anderen Werkstoff (z. B. mit besseren Laufeigenschaften) herstellen will als die Kurbelwange, welche in erster Linie nach Festigkeitsgesichtspunkten zu gestalten ist.

Als Verbindungsarten der einzelnen Teile stehen zahlreiche Möglichkeiten zur Verfügung. Wir nennen die wichtigsten:

a) Preßverbindungen,
b) Klemmverbindungen,
c) Keilverzahnungen,
d) Stirnverzahnungen.

a) Preßverbindungen. Hier sind zunächst die niedrig beanspruchten Kurbelwellen zu nennen, die aus zusammengesteckten Bolzen und Scheiben bestehen und die hauptsächlich in kleinen Zweitaktmotoren (Kleinkraftwagen, Krafträder, Außenbordmotoren u. dgl.) angewendet werden. Abb. 145 zeigt ein Beispiel. Die Bolzen werden an den Sitzstellen mit einem Übermaß versehen und fertig bearbeitet in die Kurbelscheiben eingepreßt, wozu die Scheiben u. U. angewärmt werden. Es ist vielfach üblich, aber nicht notwendig, die Bolzen an den Sitzstellen einige Hundertstel konisch zu machen. Die Pleuelstangen werden oft vor dem Einpressen aufgesetzt; in diesem Fall braucht man also den unteren Pleuelkopf nicht zu teilen, was bei Verwendung von Kugel- oder Rollenlagern von Vorteil ist.

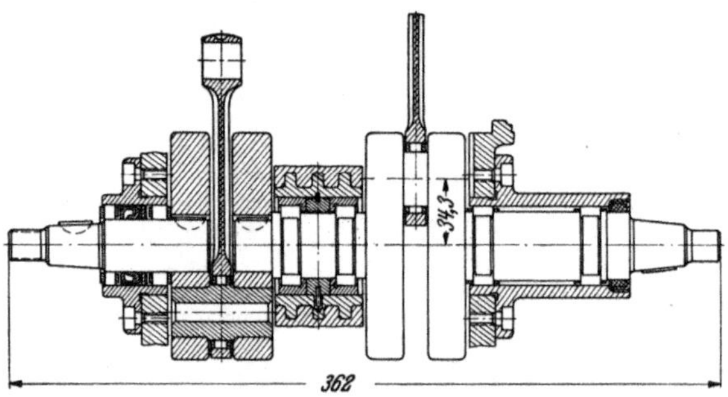

Abb. 145. Kurbelwelle des DKW-Wagens „Reichsklasse".

Von der Möglichkeit des Einpressens und vor allem des Warmaufziehens wird dort mit Vorteil Gebrauch gemacht, wo die zu übertragenden Drehmomente die Biegebeanspruchung weit übertreffen, so daß nur nach diesen dimensioniert werden muß. Nach Versuchen des Verfassers beträgt die Verdreh-Dauerhaltbarkeit richtig bemessener Schrumpfverbindungen für die landläufigen Eisenwerkstoffe über 95 vH derjenigen des glatten eingeschrumpften Zapfens, was wohl durch die hohen Druckvorspannungen in der scharfen „Kerbe", die das Ende der Sitzstelle bildet, zu erklären ist; denn nach der Form der „Kerbe" allein ($r = 0$) müßte die Kerbwirkung hier außerordentlich groß sein. Die Schrumpfverbindung ist dann richtig bemessen, wenn in der Bohrung die Fließgrenze gerade überschritten wird. Das ist beispielsweise bei einem normalen St 50 der Fall, wenn der Bohrungsmesser d gemäß Zahlentafel 16 kleiner ist als Zapfendurchmesser D. Es ist allerdings unzweckmäßig, die Schrumpfverbindung durch quer oder axial eingesetzte Stifte gemäß Abb. 146 etwa „sichern" zu wollen; hierdurch würde der günstige Vorspannungszustand nur gestört werden. Eine richtig bemessene Schrumpfverbindung lockert sich unter mechanischen Beanspruchungen nicht. Cr-Ni-Stähle sind für Schrumpfverbindungen nicht geeignet, da sie nicht ordentlich schrumpfen, gut dagegen Cr-Mo-Stähle.

Zahlentafel 16. Zweckmäßige Bemessung einer Schrumpfverbindung zwischen Zapfen und Flansch.

Zapfendurchmesser D	Unterschied zwischen Zapfen- und Bohrungsdurchmesser $D-d$
15···30 mm	0,07 mm
30···50 „	0,10 „
50···75 „	0,15 „
75···100 „	0,20 „
100···130 „	0,25 „

Gegenüber Biegebeanspruchungen ist die Erniedrigung der Haltbarkeit durch einen auf das Zapfenende aufgesetzten Schrumpfring erheblich größer. Für in dieser Weise hochbeanspruchte Kurbelwellen ist daher eine Schrumpfverbindung nicht zu empfehlen.

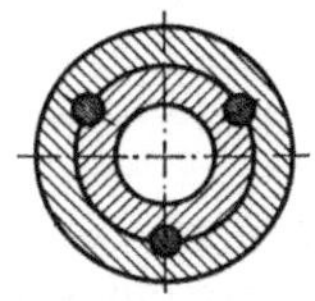

Abb. 146. Unzweckmäßige Sicherung einer Schrumpfverbindung. Durch die Stifte wird der günstige Schrumpfspannungszustand gestört, und aus der Schrumpfverbindung wird eine Art Keilverbindung.

b) Klemmverbindungen. Bei größeren und wertvolleren Motoren, bei denen die Notwendigkeit besteht, die Verbindung gelegentlich wieder lösen zu können, macht man von dem unmittelbaren Einpressen nur ungern Gebrauch, da man den ursprünglichen bewährten Sitz beim Wiederzusammensetzen nicht gewährleisten kann. Hier führt man dann die Wange geschlitzt aus und erzeugt einen festen Sitz, indem man nach Einführung des Zapfens, der

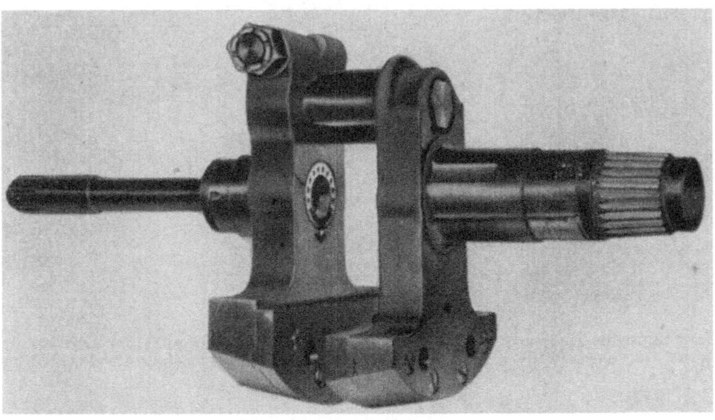

Abb. 147. Kurbelwelle des Bristol-Flugmotors „Pegasus" (Werkphoto).

satt in der geschlitzten Bohrung sitzt, den Schlitz zusammenzieht (Abb. 147) siehe unten. Eine Berechnung des an der Sitzstelle übertragbaren Drehmomentes aus der Reibung ist möglich, aber umständlich. Ein gewisses Arbeiten und damit

„Bluten" besonders an der Innenkante der Sitzfläche ist meist nicht ganz zu vermeiden, wenn man auch das früher oft beobachtete Fressen durch Verwendung besonders ausgesuchter Stähle heute ausgeschaltet hat.

Abb. 148. Kurbelwelle des Flugmotors BMW 132 H (Werkphoto).

Die Klemmverbindung findet ausgedehnte Anwendung für Kurbelwellen von Sternmotoren.

c) Keilverzahnungen. Wo es sich darum handelt, Drehmomente zwischen eingepaßten Teilen zu übertragen, ist das älteste und beliebteste Mittel der Keil in der Keilnut. Dieses Mittel ist allerdings bei Licht betrachtet, mit einer erheblichen Vergeudung an Werkstoffvolumen verbunden, da der ganze übrige Umfang der Sitzstelle praktisch unbeansprucht ist, während der Keil selber meist weit höhere Beanspruchungen zu ertragen hat, als im allgemeinen Maschinenbau sonst üblich sind. Vor allem bei wechselnden Drehmomenten ist ein einzelner Keil kein geeignetes Übertragungsmittel. Man verteilt daher in solchen Fällen gern mehrere Keile auf dem Umfang. Von etwa zehn Keilen an wird eine für Flugmotorkurbelwellen genügend gleichmäßige Verteilung des Drehmomentes erreicht. Da die Keile außerordentlich genau sitzen müssen, kommt nur eine sowieso kostspielige Spezialbearbeitung in Frage, so daß es zweckmäßig ist, die Keile nicht als besondere Elemente herzustellen, sondern sie aus Zapfen bzw. Bohrungen herauszuarbeiten.

Abb. 149. Keilverzahnung im Kurbelzapfen einer Sternmotor-Kurbelwelle (BMW).

Abb. 150. Hirth-Verzahnungen an einer Kurbelkröpfung (rechts ein Spezialschlüssel zum Anziehen des Verbindungsbolzens).

Hierdurch hat man dann außerdem die Gewähr, daß jeder sorgfältig auftuschierte Keil stets an die richtige Stelle zu sitzen kommt. Abb. 149 zeigt eine Kurbelwelle mit einer nach diesem Prinzip gestalteten sog. *Rudge-Verbindung*.

d) Stirnverzahnung. Gut hat sich zur Übertragung von nicht sehr großen Drehmomenten auch die bekannte *Hirthverzahnung* bewährt (Abb. 150), die in einem Kranz sehr sorgfältig bearbeiteter Stirnzähne besteht, welcher in einen entsprechenden Gegenkranz genau eingepaßt ist. Durch einen Bolzen werden beide Hälften kräftig zusammengepreßt. In Abb. 150 sind beide Wangen auf diese Weise mit dem Laufzapfen verbunden, wobei zum Zusammenhalten ein Bolzen verwendet wird, der rechts und links mit Gewinden verschiedener Steigung versehen ist. Beim Anziehen dieses sog. Differentialgewindes wird der Bolzen unter starke Zugspannung gesetzt. Die Zugspannung, die sich mit Differentialgewinde erzielen läßt, ist sehr hoch. Dies ist notwendig, damit die Gewindegänge, sowie die Zähne keine Möglichkeit haben, gegeneinander zu arbeiten

Abb. 151. Zusammengesetzte Kurbelwelle des Hirth-Flugmotors HM 508 (Werkphoto).

und zu fressen oder Paßrost zu bilden. Das Fertigschleifen der Laufflächen geschieht zweckmäßig bei zusammengebauter Kurbelwelle, so daß die Trennfuge den Lauf in den Lagern nicht beeinträchtigt. Die Hirth-Verzahnung findet Anwendung bei Renn- und kleineren Flugmotoren (Abb. 151).

Zum Schluß sei noch der originelle Vorschlag (*75*) einer sog. *Sprengverbindung* erwähnt, der sich natürlich nur für Stücke aus einem völlig spröde brechenden Werkstoff eignet. Die Kurbelwelle wird z. B. aus einem graugußähnlichen Gußwerkstoff in einem Stück hergestellt, dann an den Stellen, wo die Teilung beabsichtigt ist, gesprengt (durchgebrochen), worauf die Bruchflächen ganz wie die oben besprochene Stirnverzahnung genau ineinander passen und nach Überstreifen der entsprechenden ungeteilten Lagerschalen in der gleichen Weise wieder zusammengefügt werden.

Schrifttum[1]

I. Kolben.

1. Neugebauer, G. H.: Kräfte in den Triebwerken schnellaufender Kolbenkraftmaschinen. Konstruktionsbücher, Heft 2. Berlin: Springer 1939.
2. Koch, E.: Dissert. Aachen 1931.
3. Brecht, W.: Kolbentemperaturen in Otto-Motoren. München Oldenbourg, 1940.
4. Mickel, E.: Luftwissen Bd. 6 (1939) S. 305.
5. Mickel, E., u. P. Sommer: MTZ. Bd. 3 (1941), S. 352.
6. Rothmann, G.: Mitt. Forsch.-Anst. Gutehoffnungshütte Bd. 5 (1937) S. 231.
7. Cross, R. C.: Light metals Bd. 1 (1938), S. 55.
8. Becker, G.: Leichtmetallkolben. Berlin: Krayn 1929.

II. Pleuelstangen.

10. Meyer, H.: ATZ Bd. 43 (1940) S. 367—376.
11. Thum, A., u. W. Bautz: Z. VDI Bd. 81 (1937) S. 1407—1412.
12. Müller-Stock, H., E. Gerold u. E. H. Schulz: Arch. Eisenhüttenwes. Bd. 12 (1938/39) S. 141—148.
13. Gürtler, G.: Z. Metallkunde Bd. 32 (1940) S. 21—30.
14. Bernhard, J. M.: Z. VDI Bd. 74 (1930) S. 945—948.
15. Pöschl, Th.: Elementare Festigkeitslehre. Berlin: Springer 1936.
16. Lehr, E.: Spannungsverteilung in Konstruktionselementen. Berlin: VDI-Verlag 1934.
17. Mathar, J.: Über die Spannungsverteilung in Stangenköpfen. VDI-Forschungsheft Nr. 306 (1928).
18. Lehr, E., u. H. Granacher: Forsch.-Arb. Ing.-Wes. Bd. 7 (1936) S. 66ff.
19. Thum, A., O. Svenson u. H. Weiss: Forsch.-Arb. Ing.-Wes. Bd. 9 (1938) S. 229—234.
20. Rötscher: Beiträge zur Ermittlung der Spannungsverteilung durch Dehnungsmessungen. Bericht Maschinenelementetagung Aachen 1935. Berlin: VDI-Verlag 1936.
21. Wiegand, H.: Luftwissen Bd. 5 (1938) S. 289—292.
22. Thum, A., u. W. Bautz: Z. VDI Bd. 79 (1935) S. 1303—1306.
23. Neuber, H.: Kerbspannungslehre. Berlin: Springer 1937.
24. Wiegand, H., u. B. Haas: Berechnung und Gestaltung von Schraubenverbindungen. Konstruktionsbuch 5. Berlin: Springer 1940.
25. Schimz, K.: Brüche an Befestigungsschrauben. Ber. Maschinenelementetagung Düsseldorf 1938. Berlin: VDI-Verlag 1940.
26. Föppl, L., u. H. Neuber: Festigkeitslehre mittels Spannungsoptik. München-Berlin: R. Oldenbourg 1935.
27. Thum, A., u. F. Wunderlich: Die polarisationsoptische Untersuchung des Spannungsverlaufs in Konstruktionselementen. Arch. f. t. Messen August 1934 V 132—10.
28. Michaelis, E.: Luftwissen Bd. 7 (1940) S. 149—158.
29. Thum, A., u. W. Bautz: Forschg. Ing.-Wes. Bd. 6 (1935) S. 269—272.
30. Wiegand, H.: Oberfläche und Dauerfestigkeit. Veröff. BMW-Flugmotorenbau-G. m.b. H., Berlin-Spandau. 1940.
31. Wiegand, H.: Z. VDI Bd. 84 (1940) S. 505—510.
32. Jürgensmeyer, W.: Gestaltung von Wälzlagerungen. Konstruktionsbuch 4. Berlin: Springer 1939.
33. Falz, E.: Grundzüge der Schmiertechnik. Berlin: Springer 1931.
34. Kühnel, R.: Metallwirtsch. Jg. 19 (1940) S. 865—873.
35. Kühnel, R.: Werkstoffe für Gleitlager. Berlin: Springer 1939.
36. Nallinger, F.: Luftwissen Bd. 3 (1936) S. 299—310.
37. Bleibronzen als Lagerwerkstoffe. Deutsches Kupfer-Institut E. V., Berlin W 50.
38. Buske, A.: Automob.-techn. Z. Bd. 42 (1939) S. 355—363.

---

[1] Die Nummern 9, 63 u. 64 sind weggefallen.

39. Steudel, H.: Luftf.-Forschg. Bd. 13 (1936) S. 61—66.
40. Wiechell, H.: Automob.-techn. Z. Bd. 40 (1937) S. 235—240.
41. Schlaefke, K.: Motortechn. Z. Bd. 2 (1940) S. 117—120.

III. Kurbelwellen.

42. Taylor, E. S.: S. A. E. J. Bd. 38 (1936), S. 81; Kraemer, O.: Z. VDI Bd. 82 (1938) S. 1297.
43. Ensslin, M.: Mehrfach gelagerte Kurbelwellen. Stuttgart: Bergsträßer 1902.
44. Güldner, H.: Entwerfen und Berechnen der Verbrennungskraftmaschinen, 3. Aufl., S. 208. Berlin: Springer 1922.
45. Grammel, R.: Ing.-Arch. Bd. 4 (1933) S. 287.
46. Thum, A., u. W. Bautz: Stahl u. Eisen Bd. 55 (1935) S. 1025.
47. Matthaes, K.: DVL-Jb. 1930 S. 443.
48. Lürenbaum, K.: Z. Flugtechn. u. Motorluftschiffahrt Bd. 23 (1932) S. 105.
49. Oppel, G.: Forschg. Ing.-Wes. Bd. 7 (1936) S. 240.
50. Hiltscher, R.: Forschg. Ing.-Wes. Bd. 9 (1938) S. 91.
51. Dietrich, O., u. E. Lehr: Z. VDI Bd. 76 (1932), S. 973.
52. Geiger, J.: Masch.-Schad. Bd. 12 (1935) S. 105.
53. Lürenbaum, K.: Jb. 1936 Lilienthalges. Luftf.-Forsch. S. 348.
54. Thum, A., u. K. Bandow: Z. VDI Bd. 80 (1936) S. 23.
55. Kötzschke, P.: Luftwissen Bd. 8 (1941) S. 69.
56. Lürenbaum, K.: Jb. dtsch. Luftfahrtforsch. 1937 II S. 128.
57. Föppl, L.: Z. VDI Bd. 65 (1921) S. 497.
58. Cornelius, H., u. F. Bollenrath: Z. VDI Bd. 82 (1938) S. 885.
59. Lürenbaum, K.: Ges.-Vortr. Hauptvers. 1937 Lilienthalges. Luftf.-Forsch. S. 297.
60. Appelt, W.: ATZ Bd. 40 (1937) S. 473; Thum, A., u. H. Weiss: ATZ Bd. 41 (1938) S. 629.
61. Oschatz, H.: Mitt. Mat.-Prüfanst. T. H. Darmstadt Heft 2 (1932).
62. Wiegand, H., u. R. Scheinost: Arch. Eisenhüttenwes. Bd. 12 (1938/39) S. 445.
65. Deutler, H., u. A. Havers: Jb. dtsch. Luftfahrtforsch. 1937 II S. 132.
66. Bandow, K.: Deutsche Kraftfahrtforschung, Heft 14. Berlin: VDI-Verlag 1938.
67. Mickel, E.: Gießerei Bd. 25 (1938) S. 401.
68. Klingenstein, Th., H. Kopp u. E. Mickel: Mitt. Forsch.-Anst. GHH-Konzern Bd. 6 (1938) S. 39; Kopp, H.: Ebenda Bd. 7 (1939) S. 96.
69. Piwowarsky, E.: Z. VDI Bd. 79 (1935) S. 1393.
70. Roll, F.: Z. VDI Bd. 80 (1936) S. 1265.
71. Cone, E. F.: Met. All. Bd. 6 (1935) S. 259.
72. Gilbert, E.: Masch.-Bau Bd. 16 (1937) S. 363.
73. Kurtz, O.: ZFM Bd. 23 (1932) S. 725.
74. Schiebold, E.: Techn.-wiss. Vortr. Internat. Gießereikongr. Düsseldorf 1936.
75. Hövel, J.: ATZ Bd. 39 (1936) S. 469.

Einzelkonstruktionen
aus dem Maschinenbau

Herausgegeben von Professor Dipl.-Ing. **Carl Volk** VDI, Berlin

Heft 2: **Kolben.** I. Dampfmaschinen- und Gebläsekolben. Von Professor Dipl.-Ing. **C. Volk** VDI, Berlin. II. Gasmaschinen- und Pumpenkolben. Von **A. Eckardt,** Deutz. Zweite, verbesserte Auflage, bearbeitet von C. Volk. Mit 252 Textabbildungen. V, 77 Seiten. 1923. RM 3.24

Heft 4: **Die Wälzlager, Kugel- und Rollenlager.** Unter Mitwirkung des Herausgebers bearbeitet von Ing. **Hans Behr,** Berlin (Berechnung, Konstruktion und Herstellung der Wälzlager), und Oberingenieur **Max Gohlke,** Schweinfurt (Verwendung der Wälzlager). Zugleich zweite Auflage des von W. Ahrens, Winterthur, verfaßten Buches „Die Kugellager und ihre Verwendung im Maschinenbau“. Mit 250 Textabbildungen. V, 126 Seiten. 1925. RM 6.48

Heft 5: **Zahnräder.** II. Teil: Stirn- und Kegelräder mit schrägen Zähnen. III. Teil: Schraubgetriebe (Hyperbolische Räder, Schraubenräder, Schneckengetriebe). Von Professor Dr. **A. Schiebel †.** Dritte Auflage. Nach dem Tode des Verfassers unter Mitwirkung von R. Bock, E. Ninow und C. Volk neu bearbeitet von Professor Ing. Dr. techn. R. Königer, Prag. Mit 175 Textabbildungen. V, 122 Seiten. 1934. RM 9.—

Heft 6: **Schubstangen und Kreuzköpfe.** Von Ingenieur **H. Frey,** Berlin. Zweite, erweiterte Auflage. Mit 158 Textabbildungen. IV, 48 Seiten. 1929. RM 3.78

Heft 7: **Sperrwerke und Bremsen.** Von Dipl.-Ing. **R. Hänchen,** Berlin. Mit 188 Textabbildungen. V, 94 Seiten. 1930. RM 8.64

Heft 8: **Die Gleitlager** (Längs- und Querlager). Berechnung und Konstruktion. Von Professor Dr. **A. Schiebel †.** Mit 95 Abbildungen im Text und auf 29 Tafeln. IV, 70 Seiten. 1933. RM 7.50

Heft 9: **Schweißkonstruktionen.** Grundlagen der Herstellung, der Berechnung und Gestaltung. Ausgeführte Konstruktionen. Von Dipl.-Ing. **R. Hänchen,** Berlin. Mit 491 Abbildungen. IV, 123 Seiten. 1939. RM 18.60

Heft 10: **Die Bauteile der Dampfturbinen.** Von Dr.-Ing. **G. Karrass.** Mit 143 Textabbildungen. VI, 99 Seiten. 1927. RM 9.—

Heft 11: **Wellenkupplungen und Wellenschalter.** Von Professor Dr.-Ing. **E. vom Ende,** München. Mit 245 Textabbildungen. III, 107 Seiten. 1931. RM 10.50

GPSR Compliance

The European Union's (EU) General Product Safety Regulation (GPSR) is a set of rules that requires consumer products to be safe and our obligations to ensure this.

If you have any concerns about our products, you can contact us on ProductSafety@springernature.com

In case Publisher is established outside the EU, the EU authorized representative is:

Springer Nature Customer Service Center GmbH
Europaplatz 3
69115 Heidelberg, Germany

Batch number: 10682323

Printed by Printforce, the Netherlands